刘鹏◎编著

生活中无处不在的数学原理

在日常生活中，其实蕴藏着不少数学学科的知识。本丛书以精练生动的笔触编写，内容生活化，理论与实践并重，务求令读者触类旁通，有所启发，希望广大青少年读者能通过本丛书，将相关的数学学科知识融入生活之中，活学活用。

中国出版集团
现代出版社

图书在版编目（CIP）数据

生活中无处不在的数学原理／刘鹏编著．— 北京：陕西师范大学出版社　现代出版社，2012.4（2021 年 5 月重印）

ISBN 978－7－5143－0545－6

Ⅰ．①生…　Ⅱ．①刘…　Ⅲ．①数学－青年读物②数学－少年读物　Ⅳ．①01－49

中国版本图书馆 CIP 数据核字（2012）第 041128 号

生活中无处不在的数学原理

编　　著	刘　鹏
责任编辑	吴庆庆
出版发行	现代出版社
地　　址	北京市安定门外安华里 504 号
邮政编码	100011
电　　话	010－64267325　010－64245264（兼传真）
网　　址	www. 1980xd. com
电子信箱	xiandai@ vip. sina. com
印　　刷	三河市人民印务有限公司
开　　本	710mm×1000mm　1/16
印　　张	13
版　　次	2018 年 4 月第 1 版　2021 年 5 月第 8 次印刷
书　　号	ISBN 978－7－5143－0545－6
定　　价	38. 80 元

序

生活处处有科学

提起“科学”，不少人可能会认为它是科学家的专利，普通人“可望而不可即”。其实，科学并不高深莫测，科学早已渗入到我们的日常生活中，并无时无刻不在影响和改变着我们的生活。无论是仰望星空、俯视大地，还是近观我们周遭咫尺的器物，都处处可以发现有科学之原理蕴藏其中。即使是一些司空见惯的现象，其中也往往蕴涵深奥的科学知识。

科学史上的许多大发明大发现，也都是从微不足道的小现象中生发而来：牛顿从苹果落地撩起万有引力的神秘面纱；魏格纳从墙上地图揭示海陆分布的形成；阿基米德洗澡时从溢水现象中获得了研究浮力与密度问题的启示；瓦特从烧开水的水壶冒出的白雾中获得了改进蒸汽机性能的想象；大名鼎鼎的科学家伽利略通过观察吊灯的晃动中发现了钟摆的等时性……

所以说，科学就在你我身边。一位哲人曾说：“我们身边并不是缺少创新的事物，而是缺少发现创新的眼睛。”只要我们具备了一双“慧眼”，就会发现在我们的生活中，科学真是无处不在。

然而，在课堂上，在书本上，科学不时被一大堆公式和符号所掩盖，难免让人觉得枯燥和乏味，科学的光芒被掩盖，有趣的科学失去了它应有的魅力。

常言道，兴趣是最好的老师，只有从小培养起同学们对科学的兴趣，才能激发他们探索未知科学世界的热忱和勇气。拨开科学光芒下的迷雾，让同学们了解身边的科学、爱上科学。我们特为此精心编写了本书。

在编写时，我们尽量从生活中的现象出发，进行科学的阐述，又回归于日常生活。从白炽灯、自行车、电话这些平常的事物写起，从身边非常熟悉的东西展开视角，让同学们充分认识到：生活处处皆学问，现代生活处处有科技。

今天，人类已经进入了新的知识经济时代，青少年朋友是21世纪的栋梁，是国家的未来，民族的希望，学好科学是时代赋予他们的神圣使命。我们希望这套丛书能够激发同学们学习科学的兴趣，帮助同学们树立起正确的科学观，为学好科学、用好科学打下坚实的基础！

本丛书编委会

前言

数学是研究现实世界的空间形式和数量关系的科学。它是一门思辨的科学，与其他学科相比，有更多的理性思维。不太了解数学的人往往觉得数学是抽象的、枯燥的，其实只要愿意深入进去，就会发现数学是美妙的——可以启发和引导人们透过表面现象，在更深的层次上发现事物的规律，从而了解表面上看不到的结果。数学的魅力还在于它以各种方式影响我们的日常生活：

比如，我们熟悉的足球，不知你是否注意到：组成足球表面上的“黑”“白”两种色皮块的几何形状和数目如何？肥皂泡如白日梦一样，很容易在阳光下幻灭，在欣赏吹出来的七彩缤纷的肥皂泡之际，当两个或以上的肥皂泡黏在一起时，曲面交角又为何总是维持在120°？你可曾想过它所蕴藏的原理？在炎夏，到树荫下乘凉，十分惬意，但你是否留意，支撑着茂盛树叶的枝茎的生长有什么特别的规律？……凡此种种，都是生活中我们所遇到的很普遍的现象，这些普遍现象都与数学息息相关。

本书始终贯穿着强烈的应用意识，突出数学的“无处不在”，即把数学理论紧密地与生活、文学、音乐、绘画、建筑、环境等实际问题相结合，共分为“日常生活中的数学原理”、“音乐中的数学原理”、“绘画与建筑中的数学原理”、“自然界中的数学原理”、“文学中的数学原理”五个单元，涉及学生身边事物的方方面面，让学生充分感受到原来数学与现实如此之近。

每一个单元都由若干节组成，每一节都分成三部分。

第一部分是“情境导入”，先描述一个具体的情境，再在这个情境中提出一个数学问题。阅读这一部分内容，读者将学习如何从具体的生活实际中提出数学问题。

第二部分是“数学原理”，是运用相关的数学原理解决或者解释第一部分提出的数学问题，并且学习解决这个数学问题的思路和方法，有利于提高读者的数学能力。

第三部分是“延伸阅读”，提纲挈领地指出了解决问题时所运用的数学知识和方法，以及该数学知识在其他领域的运用等，以便读者能更好地解决其他的数学问题。

在具体操作过程中，“数学原理”这一部分尽量考虑和中学阶段的数学知识相结合，即使是超纲内容也用简单易懂的方式呈现，便于读者理解。涉及的数学知识包括集合论、数理逻辑、运筹、统计、概率、排列组合、代数、几何和矩阵等，使学生在应用中进一步加强对数学知识的理解。

很多读者开始学数学时，经常把数学与生活分开来，其实，如果把数学融入生活，将生活数学化，那么，学起数学来，不仅知道其来龙去脉，更重要的是，可以锻炼自己的严密的数学思维，对掌握新的科目起到很大的帮助。

今后数学的发展，更有赖于对生活的种种发现提出问题、解决问题，然后才能让数学往更深一层发展，外国数学如此，中国也不例外。数学无处不在，只要我们多留心身边的事物，多问几个为什么，就能慢慢发现数学的趣味性和实用性，对数学产生亲切感。但愿这本书能成为中学生朋友学习数学的好帮手。

C O N T E N T S

文学中的数学原理

日常生活中的数学原理

怎样找出观赏展品的最佳位置

情境导入

周末小明和爸爸一起去博物馆看画展。当进入博物馆的展览厅时，爸爸向他提出了两个问题：你是否留意分隔观赏者和展品的围栏所放的位置？对于你的身高而言，你认为分隔观赏者和展品的围栏所放置的位置恰当吗？爸爸的这两个问题可难倒了小明。虽然他常常和爸爸来博物馆看展览，但是几乎不曾留意分隔展品和观众的围栏，也不曾想过围栏的位置是否合适。那么一个小小的围栏放置的位置究竟包含着哪些数学知识呢？

看画展

数学原理

我们要找出围栏摆放的适当位置，首先须知道对于一般高度的参观者来说，何处观赏最理想。在右图中最佳的位置就是当展品的最高点 P 和最低点 Q 与观赏者的眼 E 所形成的视角 θ 为最大。

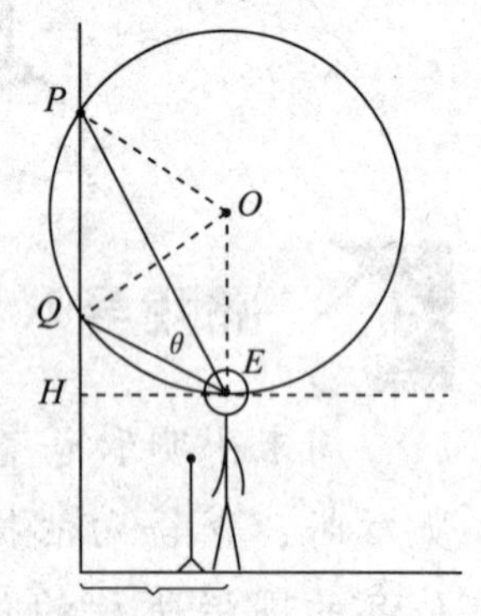

为了找出最大视角 θ 的位置，作圆（O 为圆心）通过 P 和 Q，与水平线 HE 相切于 E 点。根据圆形的特性，同弧上的圆周角会较其他圆外角为大（$\theta>0$）。因此，眼睛处于 E 点时，观赏的视觉最大。

在下图中，设 x 为观赏者离开展品的水平距离；而 p 和 q 分别为展品的最高点和最低点与观赏者高度的差距。

在$\triangle OMQ$，$OM=x$，$OQ=OE=QM+q$，$QM=\frac{p-q}{2}$。

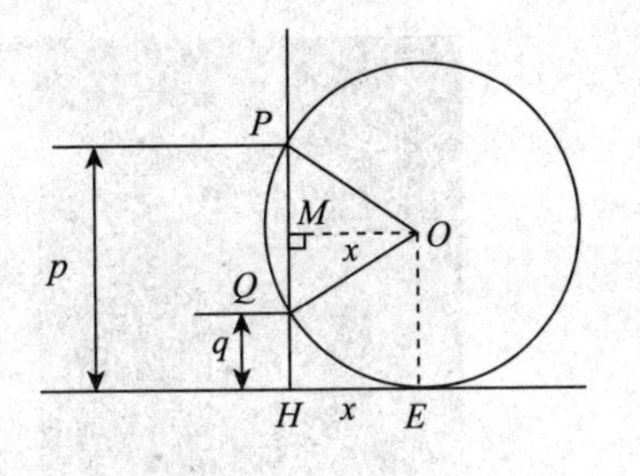

利用勾股定理，$OQ^2=OM^2+QM^2$，$OM=\sqrt{OQ^2-QM^2}$，化简后得$x=\sqrt{pq}$。

而在考虑展览厅内摆设围栏的位置时，只需要估计一般入场参观者的高度，而又知道展品本身的长度和安放的高度，便知道如何安置围栏，方便进场的人找个理想的观赏位置。

延伸阅读

我们在展览馆寻找最佳的观赏位置时用到了勾股定理。所谓勾股定理，就是指在直角三角形中，两条直角边的平方和等于斜边的平方。这个定理有十分悠久的历史，几乎所有文明古国（希腊、中国、埃及、巴比伦、印度等）对此定理都有所研究。

勾股定理在西方被称为毕达哥拉斯定理，相传是古希腊数学家兼哲学家毕达哥拉斯（Pythagoras）于公元前550年首先发现的。但毕达哥拉斯对勾股定理的证明方法已经失传。著名的希腊数学家欧几里得（Euclid，公元前330—公元前275）在巨著《几何原本》中给出了一个很好的证明。

毕达哥拉斯

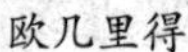
欧几里得

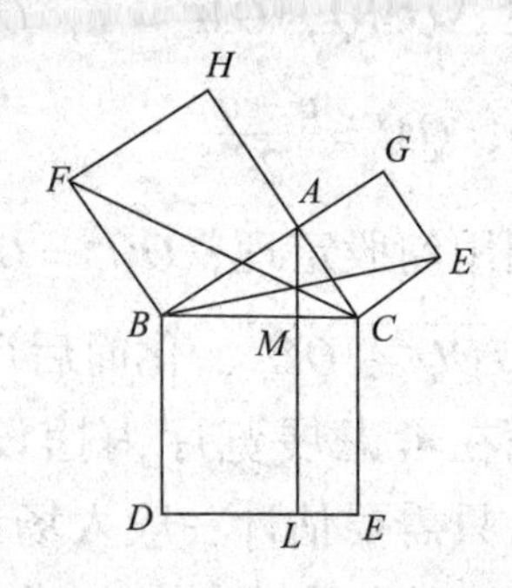

欧几里得对勾股定理的证明

中国古代对这一数学定理的发现和应用，远比毕达哥拉斯早得多。

中国最早的一部数学著作——《周髀算经》的开头，记载着一段周公向商高请教数学知识的对话：

《周髀算经》

周公问：“我听说您对数学非常精通，我想请教一下：天没有梯子可以上去，地也没法用尺子去一段一段丈量，那么怎样才能得到关于天地的数据呢？”

商高回答说：“数的产生来源于对方和圆这些形体的认识。其中有一条原理：当直角三角形‘矩’得到的一条直角边‘勾’等于3，另一条直角边‘股’等于4的时候，那么它的斜边‘弦’就必定是5。这个原理是大禹在治水的时候就总结出来的。”

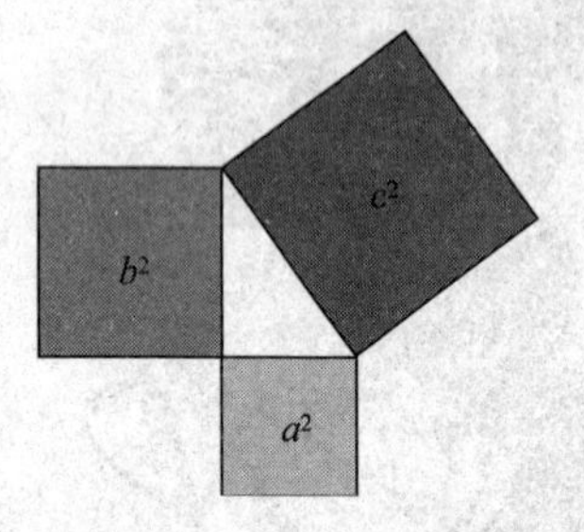

勾股定理的一个应用特例

如果说大禹治水因年代久远而无法确切考证的话，那么周公与商高的对话则可以确定在公元前1100年左右的西周时期，比毕达哥拉斯要早了500多年。其中所说的勾3股4弦5，正是勾股定理的一个应用特例。所以现在数学界把它称为勾股定理是非常恰当的。

在稍后一点的《九章算术》（约公元50—100）一书中，勾股定理得到了更加规范的一般性表达。书中的《勾股章》说："把勾和股分别自乘，然后把它们的积加起来，再进行开方，便可以得到弦。"《九章算术》系统地总结了战国、秦、汉以来的数学成就，共收集了246个数学的应用问题和各个问题的解法，列为九章，可能是所有中国数学著作中影响最大的一部。

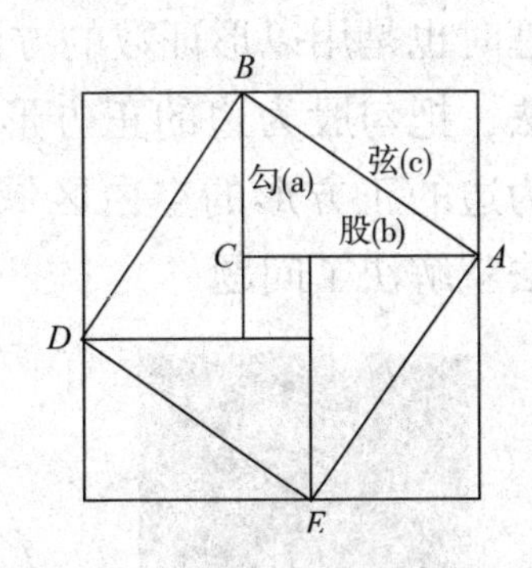

《九章算术》

赵爽的证明

中国古代的数学家们不仅很早就发现并应用勾股定理，而且很早就尝试对勾股定理作理论的证明。最早对勾股定理进行证明的，是三国时期吴国的数学家赵爽。赵爽创制了一幅"勾股圆方图"，用形数结合得到方法，给出了勾股定理的详细证明。在这幅"勾股圆方图"中，以弦为边长得到正方形 $ABDE$，是由4个相等的直角三角形再加上中间的那个小正方形组成的。每个直角三角形的面积为$\frac{ab}{2}$；中间的小正方形边长为 $b-a$，则面积为 $(b-a)^2$。于是便可得如下的式子：

$$4\times\left(\frac{ab}{2}\right)+(b-a)^2=c^2$$

化简后便可得：$a^2+b^2=c^2$

亦即 $c=(a^2+b^2)^{(\frac{1}{2})}$

赵爽的这个证明可谓别具匠心，极富创新意识。他用几何图形的截、割、拼、补来证明代数式之间的恒等关系，既具严密性，又具直观性，为中国古代以形证数、形数统一、代数和几何紧密结合、互不可分的独特风格树立了一个典范。

以后的数学家大多继承了这一风格并且有所发展，只是具体图形的分合移补略有不同而已。例如稍后一点的刘徽在证明勾股定理时也是用以形证数的方法，他用了“出入相补法”即剪贴证明法，把勾股为边的正方形上的某些区域剪下来（出），移到以弦为边的正方形的空白区域内（入），结果刚好填满，完全用图解法就解决了问题。

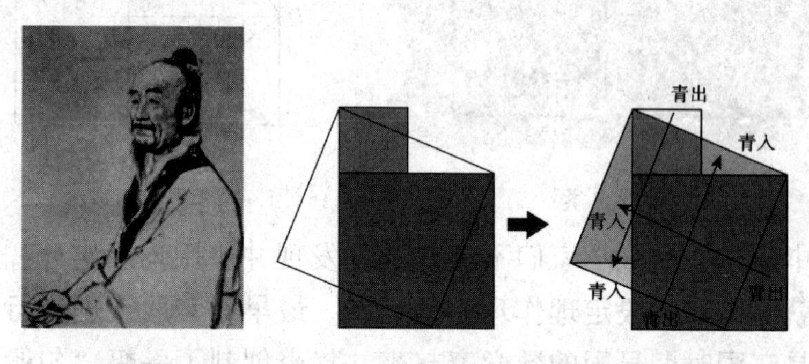

刘徽　　刘徽的勾股证明图

中国古代数学家们对勾股定理的发现和证明，在世界数学史上具有独特的贡献和地位。尤其是其中体现出来的“形数统一”的思想方法，更具有科学创新的重大意义。事实上，“形数统一”的思想方法正是数学发展的一个极其重要的条件。

井盖为什么都是圆的

情境导入

小丽坐着妈妈的车子去上课外辅导班，突然天上乌云密布，转眼间，天哗哗地下起倾盆大雨，一会儿路上就积满了雨水。她们在雨中飞快地行驶，雨水在车轮下滚动着、跳跃着，欢快地流向圆圆的窨井盖。

就在这时，小丽发现了一个奇怪的现象：马路上的窨井盖几乎都是圆的。可这是为什么呢？做成其他形状的，比如正方形、长方形不好吗？到了目的地，小丽还在思考这个问题，并向妈妈请教。“盖子下面是什么？盖子下面的洞是圆的，盖子当然是圆的了！”妈妈这样回答小丽。真的是像妈妈说的那样吗？

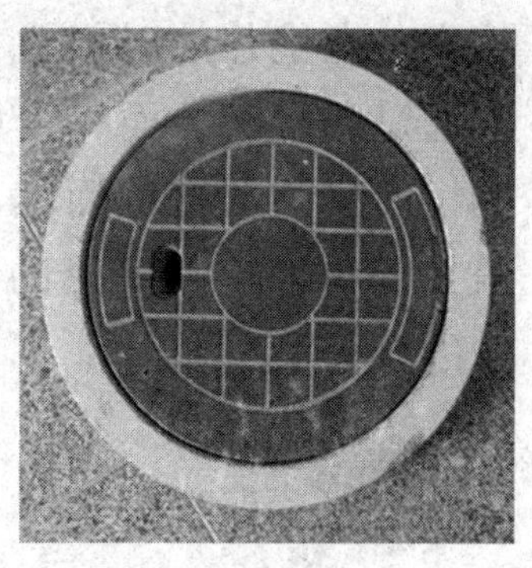

下水道井盖

数学原理

实际上，窨井盖做成圆的，是因为只要盖子的直径稍微大于井口的直径，那么盖子无论何种情形被颠起来，再掉下去的时候，它都是掉不到井里的。那如果窨井盖做成正方形或者长方形，会出现什么情况呢？假设一个快速飞来的汽车冲击窨井盖，将其撞到空中。盖子掉下来的时候，无论是长方形还是正方形，都有可能沿着最大尺度的对角线掉到井中！因为正方形的对角线是边长的1.41倍，长方形的对角线也大于任一边的边长，只有圆，直径是相同的。圆形的盖子是无论如何都掉不进去的。假设有天晚上，一个人不小心把盖子踢起来，井口开了，人也掉进去了，再加上盖子也跟着掉下去，那人还了得，不仅脚下有臭气熏天的污水，再来个当头一盖，岂不雪上加霜嘛！

连接圆周上任意一点到圆心的线段，叫做半径。它的长度就是画圆时，圆规两脚之间的距离。同样周长的各种图形求面积的时候，圆的面积最大，最省材料，将井盖做成圆形也是为国家节约材料。

除此之外，盖子下面的洞是圆的，圆形的井比较利于人下去检查，在挖井的时候也比较容易，下水道出孔要留出足够一个人通过的空间，而一个顺着梯子爬下去的人的横截面基本是圆的，所以圆形自然而然地成为下水道出入孔的形状。圆形的井盖只是为了覆盖圆形的洞口。另外圆柱形最能承受周围土地和水的压力。

延伸阅读

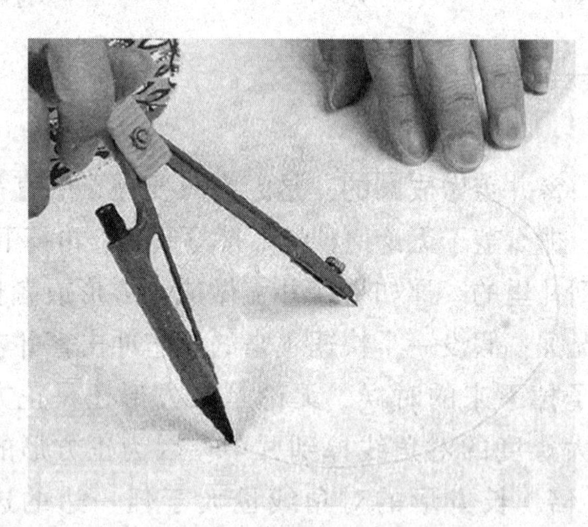

圆规画圆

若我们手头有圆规，固定其中的一脚，将另一个带铅笔头的脚转一圈，就画出了一个圆。但是，就是这么简单的一个圆，却给了我们许多启示，并被充分运用到人类的生产和生活中。车轮是圆的，水管是圆的，许多容器也是圆柱形的，如脸盆、水杯、水桶等等。为什么要用圆形？一方面，圆给我们以视觉的美感；

另一方面，圆有许多实用的性质。

我们知道，圆是到定点的距离等于定长的点的轨迹。也就是说，圆周上的点到圆心的距离是相等的。这是圆的一个最重要而又最基本的性质。车轮就是利用圆的这种性质制成的。车轴被装在车轮的圆心位置上，车轮边缘到车轴的距离是一定的。当车子在行进中时，车轴距路面的距离就总是一样的。进而，只要路面平整，车就不会颠簸，给坐车人以平稳、舒服的感觉。假如我们把车轮做成方形的，把车轴放在车轮的对称中心，车在行进时，车轴到路面的距离会时大时小，即便走在平坦的公路上，车也会上下颠簸，坐车人的感觉也就不会舒服了。

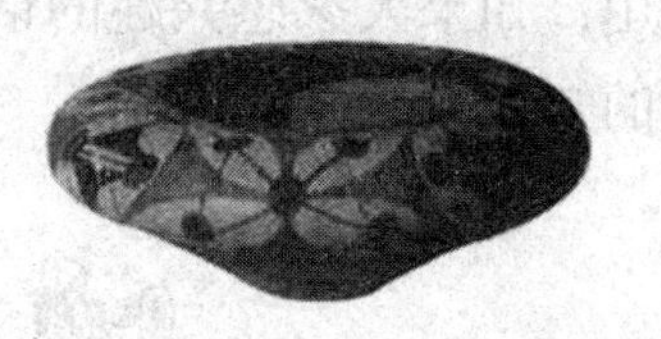

圆形彩陶钵（中国新石器晚期）

自行车

圆的另一个性质是：用同样长度的材料围成一个三角形、四方形或圆，其中面积最大的是圆。同样，人们得出：用同样面积的材料做一个几何体，圆柱体的体积会更大一些。利用这个性质，人们制造了各种圆柱形制品，圆柱形的谷仓，圆柱形的水塔，圆柱形的地下管道，等等。圆是一种特殊的曲线，有许多性质和应用，如果大家感兴趣的话可以查阅相关的书籍，获得更多有关圆的知识。

汽车前灯里的数学

情境导入

小明上完补习班，天已经黑了。按照约好的时间，他站在路边等待爸爸来接他回家。不一会儿，他便看见爸爸的车远远地开过来了。就在这时，细心的小明突然发现一个奇怪的现象：当爸爸把汽车的前灯开关由亮变暗的刹那，光线竟然不是像他想象的那样，是平行射出的，而是发散的。这究竟是怎么一回事呢？

数学原理

随着生活水平的日益提高，不少家庭都配备了私家车，以方便出行。没想到就在这小小的汽车前灯里也包含着数学原理。具体地说，是抛物线原理在玩花招。

如果你留心就会发现，汽车前灯后面的反射镜呈抛物线的形状。事实上，它们是抛物面（抛物线环绕它的对称轴旋转形成的三维空间中的曲面）。明亮的光束是由位于抛物线反射镜焦点上的光源产生的。

因此，光线沿着与抛物线的对称轴平行的方向射出。当光变暗时，光源改变了位置。它不再在焦点上，结果光线的行进不与轴平行。现在近光只向上下射出。向上射出的被屏蔽，所以只有向下射出的近光，射到比远光所射的距离短的地方。

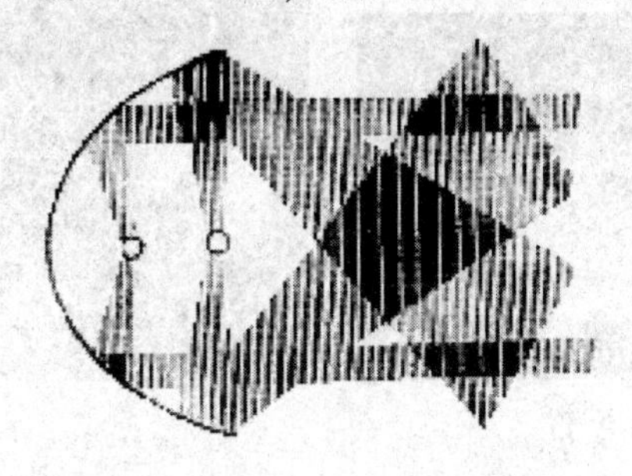
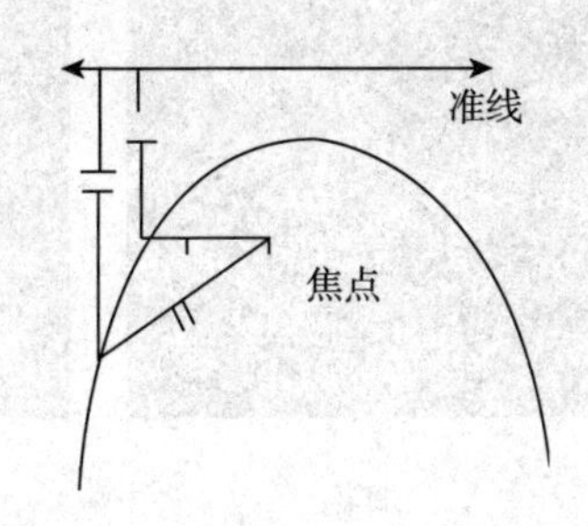

汽车前灯后面的反射镜

延伸阅读

抛物线是一种古老的曲线，它是平面内与称作它的焦点的定点和称作它的准线的定直线等距离的所有点的集合。希腊著名学者梅内克缪斯（约公元前 375—公元前 325）在试图解决当时的著名难题"倍立方问题"（即用直尺和圆规把立方体体积扩大一倍）时发现了它。他把直角三角形 ABC 的直角 A 的平分线 AO 作为轴。旋转三角形 ABC 一周，得到曲面 $ABECE'$，如图。用垂直于 AC 的平面去截此曲面，可得到曲线 EDE'，梅内克缪斯称之为"直角圆锥曲线"。其实，这就是最早的抛物线的"雏形"。

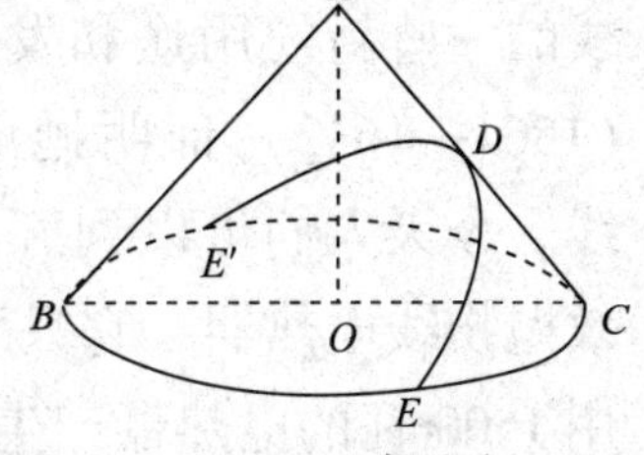

其实在现实生活中，抛物线也非常常见，如美丽的喷泉、燃放的烟花、运动员的投篮等，它们在空中运行的轨迹都是一个抛物线。

烟花

喷泉

投篮

如今，人们已经证明，抛物线有一个重要性质：从焦点发出的光线，经过抛物线上的一点反射后，反射光线平行于抛物线的轴，探照灯也是利用这个原理设计的，应用抛物线的这个性质，也可以使一束平行于抛物线的轴的光线，经过抛物线的面的反射集中于它的焦点。

多年以来，人类已经得到了有关抛物线的一些新的用途和发现。例如，伽利略（1564—1642）证明抛射体的路线是抛物线。今天人们可以到五金店去买一台高能效抛物线电热器，它只用1000瓦，但是与用1500瓦的电热器产生同样多的热量。

太阳灶

而能够方便地加热水和食物的太阳灶也是人们应用这个原理设计的。在太阳灶上装有一个旋转抛物面形的反射镜，当它的轴与太阳光线平行时，太阳光线经过反射后集中于焦点处，这一点的温度就会很高。如果大家有兴趣的话，还可以自己做个小实验来研究抛物线的这个性质。实验方法很简单，我们可以准备一个大小适中的放大镜，将火柴放置于玻璃板上，放大镜与玻璃板间保持一定距离，在太阳光照射下，玻璃板上出现一个白点，使白点尽量小，并集中于火柴上，几分钟后火柴燃烧，也可要求别人帮着拿火柴，现象更为明显。

下一个中奖的就是你吗

情境导入

“下一个赢家就是你！”这句响亮的具有极大蛊惑性的话是英国彩票的广告词。买一张英国彩票的诱惑有多大呢？

只要你花上1英镑，就有可能获得2200万英镑！一点小小的花费竟然可能得到天文数字般的奖金，这没办法不让人动心。很多人都会想：也许真如广告所说，下一个赢家就是我呢！因此，自从1994年9月开始发行到现在，英国已有超过90%的成年人购买过这种彩票，并且也真的有数以百计的人成为百万富翁。

福利彩票

如今在世界各地都流行着类似的游戏，在我国各省各市也发行了各种福利彩票、体育彩票，而报纸、电视上关于中大奖的幸运儿的报道也屡见不鲜，吸引了不计其数的人踊跃购买。很简单，只要花2元人民币，就可以拥有这么一次尝试的机会，试一下自己的运气，谁不愿意呢？但你有没有想过买一张彩票中头等奖的概率近乎是零？这是为什么呢？

数学原理

让我们以英国彩票为例来计算一下。英国彩票的规则是49选

6，即在1至49的49个号码中选6个号码。买一张彩票，你只需要选6个号、花1英镑而已。在每一轮中，有一个专门的摇奖机随机摇出6个标有数字的小球，如果6个小球的数字都被你选中了，你就获得了头等奖。可是，当我们计算一下在49个数字中随意组合其中6个数字的方法有多少种时，我们会吓一大跳：从49个数中选6个数的组合有13983816种方法！

这就是说，假如你只买了一张彩票，6个号码全对的机会是大约一千四百万分之一，这个数小得已经无法想象，大约相当于澳大利亚的任何一个普通人当上总统的机会。如果每星期你买50张彩票，你赢得一次大奖的时间约为5000年；即使每星期买1000张彩票，也大致需要270年才有一次6个号码全对的机会。这几乎是单个人力不可为的，获奖仅是我们期盼的偶然而又偶然的事件。

那么为什么总有人能成为幸运儿呢？这是因为参与的人数是极其巨大的，人们总是抱着撞大运的心理去参加。殊不知，彩民们就在这样的幻想中为彩票公司贡献了巨额的财富。一般情况下，彩票发行者只拿出回收的全部彩金的45%作为奖金返还，这意味着无论奖金的比例如何分配，无论彩票的销售总量是多少，彩民平均付出的1元钱只能赢得0.45元的回报。从这个平均值出发，这个游戏是绝对不划算的。所以说广告中宣传的中大奖是一个机会近乎零的“白日梦”！

延伸阅读

在社会和自然界中，我们可以把事件发生的情况分为三大类：在一定条件下必然发生的事件，叫做必然事件；在一定条件下不可能发生的事件，叫做不可能事件；在一定条件下可能发生也可能不发生的事件，叫做随机事件。在数学上，我们把随机事件产生的可能性称为概率。严格说来，概率就是在同一条件下，发生某种事情可能性的大小。概率在英文中的名称为 probability，意为可能性、或然性，因此，概率有时也称为或然率。

彩票是否中奖就是个典型的概率事件，但概率不仅仅出现在类似买彩票这样的赌博或游戏中，在日常生活中，我们时时刻刻都要接触概率事件。比如，天气有可能是晴、阴、下雨或刮风，天气预报其实是一种概率大小的预报；又如，今天某条高速公路上有可能发生车祸，也有可能不发生车祸；今天出门坐公交车，车上可能有小偷，也可能没有小偷。这些都是无法确定的概率事件。

由于在日常生活中经常碰到概率问题，所以即使人们不懂得如何计算概率，经验和直觉也能帮助他们作出判断。但在某些情况下，如果不利用概率理论经过缜密的分析和精确的计算，人们的结论可能会错得离谱。举一个有趣的小例子：给你一张美女照片，让你猜猜她是模特还是售货员。很多人都会猜前者。实际上，模特的数量比售货员的数量要少得多，所以，从概率上说这种判断是不明智的。

人们在直觉上常犯的概率错误还有对飞机失事的判断。也许出于对在天上飞的飞机本能的恐惧心理，也许是媒体对飞机失事的过多渲染，人们对飞机的安全性总是多一份担心。但是，据统计，飞机是目前世界上最安全的交通工具，它绝少发生重大事故，造成多人伤亡的事故率约为$\frac{1}{3\times10^{6}}$。假如你每天坐一次飞机，这样飞上 8200 年，你才有可能会不幸遇到一次飞行事故，$\frac{1}{3\times10^{6}}$的事故概率，说明飞机这种交通工具是最安全的，它甚至比走路和

飞机

骑自行车都要安全。

事实也证明了在目前的交通工具中飞机失事的概率最低。1998 年，全世界的航空公司共飞行 1800 万个喷气机航班，共运送约 13 亿人，而失事仅 10 次。而仅仅美国一个国家，在半年内其公路死亡人数就曾达到 21000 名，约为自 40 年前有喷气客机以来全世界所有喷气机事故死亡人数的总和。虽然人们在坐飞机时总有些恐惧感，而坐汽车时却非常安心，但从统计概率的角度来讲，最需要防患于未然的，却恰恰是我们信赖的汽车。

汽车

总之，从概率的思想走出机会性（博彩）游戏的范围，到应用的不断深化，这一过程中人类的思想观念发生了巨大的转变，这就是概率带来的革命。

揭开扑克牌中的秘密

情境导入

在公园或路旁，经常会看到这样的游戏：摊贩前画有一个圆圈，周围摆满了奖品，有钟表、玩具、小梳子等等，然后，摊贩拿出一副扑克让游客随意摸出两张，并说好向哪个方向转，将两张扑克牌的数字相加（J、Q、K、A 分别为 11、12、13、1），得到几就从几开始按照预先说好的方向转几步，转到数字几，数字几前的奖品就归游客，唯有转到一个位置（如图），游客必须交 2 元钱，其余的位置都不需要交钱。

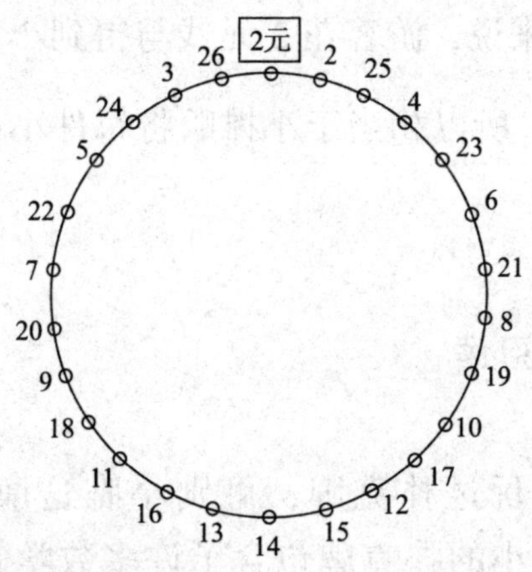

很多游客心想，真是太便宜了，不用花钱就可以玩游戏，而且得奖品的可能性“非常大”，交 2 元钱的可能性“非常小”。然而，事实并非如此，通过观察我们可以看到，凡参与游戏的游客不是转到 2 元钱就是转到一些廉价小物品旁，而钟表、玩具等贵重物品就没有一个游客转到过。这是怎么回事呢？是不是其中有“诈”？

数学原理

这其实是骗人的把戏。通过图可以看到：由圆圈上的任何一个数字或者左转或者右转，到2元钱位置的距离恰好是这个数字。因此，摸到的扑克数字之和无论是多少，或者左转或者右转必定有一个可能转到2元钱位置。即使转不到2元钱，也只能转到奇数位置，绝不会转到偶数位置，因为如果是奇数，从这个数字开始转，相当于增加了“偶数”，奇数+偶数=奇数；如果是偶数，从这个数字开始转，相当于增加了“奇数”，偶数+奇数=奇数。我们仔细观察就会发现，所有贵重的奖品都在偶数字前，而奇数字前只有梳子、小尺子等微不足道的小物品。由于无论怎么转也不会转到偶数字，参与游戏的人也就不可能得贵重奖品了。

对于小摊贩来说，游客花2元钱与得到小物品的可能性都是一样的，都是$\frac{1}{2}$。所以相当于小摊贩将每件小物品用2元钱的价格卖出去。

延伸阅读

相信大家都玩过扑克牌，可别小瞧这廉价又普通的扑克牌。因为一副小小的扑克牌包含了许多数学知识呢。

扑克，是英文poker的音译。公元14世纪起源于欧洲，在17世纪英国资产阶级革命之后定型，它经过数百年的演变，融合了中外各国纸牌游戏的精髓，才逐渐形成了今天这个国际公认的纸牌模式——扑克。

研究发现，扑克不但堪称世界第一文化娱乐用品，而且它的产生与天文有着紧密联系，换句话说，一副扑克本身就是一部历法的缩影。

扑克牌

经常玩扑克的人未必知道54张牌的具体含义和扑克上的画像都是哪些历史人物。除去大小王以外的52张牌表示一年有52个星期。另外两张中，一张是大王，表示太阳；一张是小王，表示月亮。一年四季，即春夏秋冬，分别以黑桃、红桃、方块、梅花来表示。其中红桃、方块代表白昼，黑桃、梅花代表黑夜。每一花色正好是13张牌，代表每一季度基本上是13个星期。

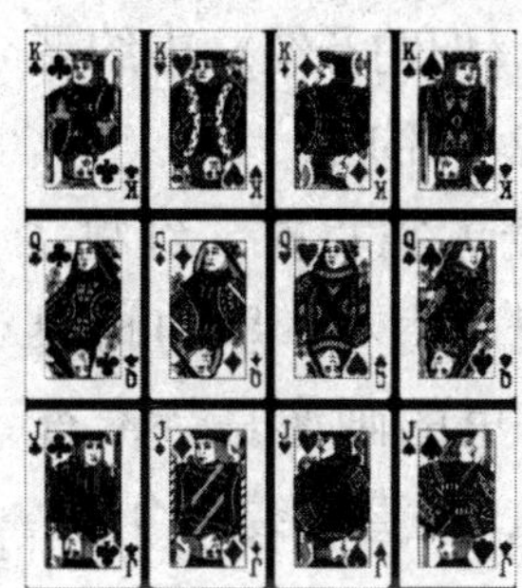

扑克牌J、Q、K

这13张牌的点数加在一起是91，正符合每一季度91天。4种花色的点数加起来，再加上小王的一点正好是一年的365天。如果再加上大王的一点，正符合闰年的天数。扑克中的J、Q、K共有12张，表示一年有12个月，又表示太阳在一年内经过12个星期。

另外，扑克牌中的4种花色还有不同的寓意：黑桃象征橄榄叶，表示和平；红桃是心形，表示智慧；梅花是黑色三叶，源于三叶草，象征农业；方块代表钻石，意味着财富，表达了人们的美好愿望。

每一花色13张牌，依次为：A，第一点；K，国王；Q，王后；J，武士，以及10至2。

扑克牌中的画像均为历史人物。红桃K里的国王是建立查理曼帝国的查理大帝，他是扑克牌中唯一不留胡子的国王。方块K里的国王是古罗马的恺撒，尽管他当时没有公开称王，但后人仍把他叫做恺撒大帝。

梅花K里的画像是亚历山大，他是古代成吉思汗式的人物，曾一手缔造了地跨欧、亚、非三大洲的亚历山大帝国。黑桃 K 里的画像是公元前 10 世纪以色列国王索洛蒙的父亲戴维。他善于用竖琴演奏，并在《圣经》上写了许多赞美诗，所以这张牌上经常有竖琴图样。

黑桃 Q 里的画像是希腊智慧和战争女神帕拉斯 · 雅典娜，在 4 位皇后中，唯有此皇后手持武器。红桃 Q 里的画像名叫朱尔斯，她是德国巴伐利亚人，嫁给英国斯图尔特王朝的查尔斯一世。后来，因查尔斯一世实行残暴统治被处极刑，朱尔斯改嫁远去他乡。梅花 Q 寓意着这样一个故事：英国的兰开斯特王族以红色蔷薇为象征，约克王族以白色蔷薇为象征。两个王族经过蔷薇花战争后，取得和解，并把双方的蔷薇结在一起。所以这位皇后的手上就拿着蔷薇花。方块 Q 里的画像是莱克尔皇后，她是雅各布的女儿。雅各布是《旧约圣经》中约瑟夫的父亲，他共有 12 个儿子，在以色列建立了 12 个部族。

黑桃 J 里的画像是侍奉查尔斯一世的丹麦人霍克拉。红桃 J 里的画像是侍奉查尔斯七世的宫廷随从拉海亚。梅花 J 里的画像是阿瑟王故事中的著名骑士兰斯洛特。方块 J 里的画像是侍奉查尔斯一世的洛兰。这些人物逐步被各国所接受，一直沿袭至今。

运动场上的数学

情境导入

一年一度的运动会马上就要开始了，同学们跃跃欲试，纷纷在课余时间锻炼身体，想在赛场上一显身手。但在某一天的数学课堂上，大家却对老师的提问哑口无言：田径场上为何有这么多不同的起跑线？而起跑线的差距又有什么数学关系呢？

运动场跑道

数学原理

标准田径场由两条直段跑道和两个半圆形的跑道所组成。由于在弯道上比赛，越外圈的跑道（一般设有4～8条）越长。所以为了公平起见，不同的跑道便需要采用不同的起跑线了。

至于老师问的第二个相关的问题：起跑线的差距有何数学关系？则可首先从扇形圆中的不同弧长说起。

如图，设o为圆，弧长s的半径为r，

弧长s'的半径为$(r+d)$，

弧长s''的半径为$(r+2d)$。

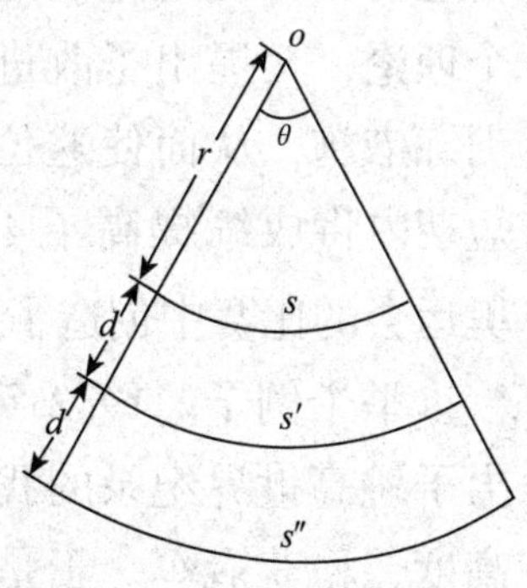

则$s=r\theta$

$s'=(r+d)\theta=s+\theta\times d$

而$s''=s+2\theta\times d=s'+\theta\times d$

$\therefore s'-s=\theta\times d$；$s''-s=\theta\times 2d$；$s''-s'=\theta\times d$

若$d=1$，$s'-s=s''-s'=\theta$

由此得知：$\{s, s', s''\}$乃一个等差级数，其公差为θ。

基于把“公差”应用在不同弧长上的理解和根据标准田径场的量度资料，便不难找出起跑线之间的差距了。

延伸阅读

用现代数学方法研究体育运动是从20世纪70年代开始的。1973年，美国的应用数学家J. B. 开勒发表了赛跑的理论，并用他的理论训练中长跑运动员，取得了很好的成绩。

数学在体育训练中也在发挥着越来越明显的作用。所用到的

数学内容也相当深入。主要的研究方面有：赛跑理论，投掷技术，台球的击球方向，跳高的起跳点，足球场上的射门与守门，比赛程序的安排，博弈论与决策等。

跳高

几乎同时，美国的计算专家艾斯特运用数学、力学，并借助计算机研究了当时铁饼投掷世界冠军的投掷技术，从而提出了他自己的一套运动训练的理论。之后他根据这个理论，又提出了改进投掷技术的训练措施，从而使这位世界冠军在短期内将成绩提高了 4 米，在一次奥运会的比赛中创造了连破三次世界纪录的辉煌成绩。

举个例子。1982 年 11 月在印度举行的亚运会上，曾经创造男子跳高世界纪录的我国著名跳高选手朱建华已经跳过 2 米 33 的高度，稳获冠军。于是，他开始向 2 米 37 的高度进军。只见他几个碎步，快速助跑，有力地弹跳，身体腾空而起，他的头部越过了横杆，上身越过了横杆，臀部、大腿甚至小腿都越过了横杆。可惜，脚跟擦到了横杆，横杆摇晃了几下，掉了下来！

问题出在哪里？出在起跳点上。那么如何选取起跳点呢？

实际上这可以通过建立一个数学模型，其中涉及起跳速度、助跑曲线与横杆的夹角、身体重心的运动方向与地面的夹角等诸多因素，来研究如何改进起跳、助跑等动作取得更好的成绩。这些例子说明数学在运动场上可以找到很多要研究的问题，应用是大有潜力。

美国布鲁克林学院物理学家布篮卡对篮球运动员投篮的命中率进行了研究。他发现篮球脱手时离地面越高，命中率就越大。这说明，身材高对于篮球运动员来讲，是一个有利的条件，这也说明为什么篮球运动员喜欢跳起来投篮。

短跑

掷铁饼

根据数学计算，抛出一个物体，在抛掷速度不变的条件下，以45°角抛出所达到的距离最远。可是，这只是纯数学的计算，只适用于真空的条件下，而且，抛点与落点要在同一个水平面上。而实际上，我们投掷器械时并不是在真空里，要受到空气阻力、浮力、风向以及器械本身形状、重量等因素的影响。另外，投掷时出手点和落地点不在同一水平面上，而是形成一个地斜角（即投点、落点的连线与地面所成的夹角）。出手点越高，地斜角就越大。这时，出手角度小于45°，则向前的水平分力增大，这对增加器械飞行距离有利。下面是几种体育器械投掷最大距离的出手角度：铅球38°~42°，铁饼30°~35°，标枪28°~33°，链球、手榴弹42°~44°。

电脑算命真的可信吗

情境导入

刘先生发现自己上初二的女儿小云迷上了算命。她每天晚上不看书，躲在自己的房间里，把班里同学的名字都写在一张纸上，然后写上星座、生肖、血型等信息，看哪个男生和哪个女生“比般配”。

电脑算命

经过询问，刘先生才知道这是女儿从一家星座预测网站上学来的。女儿告诉父亲，时下，这种“电脑算命”在她们同学中十分流行。“星座”、“血型”等词语时常被同龄人挂在嘴边。甚至有的同学还会说出这样的“惊人之语”：“这次期末考试考得不好，是因为那天我没有学业运。”“我是金牛座的，以后要找个处女座的男人做老公，那样婚姻会很幸福。”

一份以北京初高中生为对象的调查报告显示：认为烧香拜神有效的，100 个中学生里仅有 1 个，但相信“星座决定命运”的，100 个中学生中就有 40 个。

同样是迷信思想，难道经过诸如星座、占卜等形式的“革新”，然后再用高科技的电脑一包装，就真的能决定人的命运吗？

数学原理

电脑算命就真的那么神乎其神吗？其实这充其量不过是一种电脑游戏而已。我们用数学上的抽屉原理很容易说明它的荒谬。

抽屉原理又称鸽笼原理或狄利克雷原理，它是数学中证明存在性的一种特殊方法。举个最简单的例子，把3个苹果按任意的方式放入2个抽屉中，那么一定有一个抽屉里放有2个或2个以上的苹果。这是因为如果每一个抽屉里最多放有一个苹果，那么2个抽屉里最多只放有2个苹果。运用同样的推理可以得到：

原理1　把多于 n 个的物体放到 n 个抽屉里，则至少有一个抽屉里有2个或2个以上的物体。

原理2　把多于 mn 个的物体放到 n 个抽屉里，则至少有一个抽屉里有 $m+1$ 个或多于 $m+1$ 个的物体。

现在我们回到电脑算命中来，假设我们把人的寿命按70岁计算，那么人的出生的年、月、日以及性别的不同组合就有 $70\times2\times365=51100$ 种具体的情况，我们把这51100种具体的命运情况看作抽屉总数，那么假设我国人口为11亿，我们把这11亿人口作为往抽屉里放的物体数，因为 $1.1\times10^9=21526\times51100+21400$，根据抽屉原理2，在11亿人口中至少有21526人尽管他们的性别、出身、资历、地位等各方面完全不同，但他们一定有相同的电脑里事先存储的“命运”，这就是电脑算命的“科学”原理。

陈其元的《庸闲斋笔记》

在我国古代，早就有人懂得用抽屉原理来揭露生辰八字之谬。如清代陈其元在《庸闲斋笔记》中就写道：“余最不信星命推步之说，以为一时（指一个时辰，合两小时）生一人，一日生十二人，以岁计之则有四千三百二十人，以一甲子（指六十年）计之，止有二十五万九千二百人而已，今只以一大郡计，其户口之数已不下数十万人（如咸丰十年杭州府一城八十万人），则举天下之大，自王公大人以至小民，何只亿万万人，则生时同者必不少矣。其间王公大人始生之时，必有庶民同时而生者，又何贵贱贫富之不同也？”在这里，一年按 360 日计算，一日又分为 12 个时辰，得到的抽屉数为 $60\times360\times12=259200$。

所以，所谓“电脑算命”不过是把人为编好的算命语句像中药柜那样事先分别一一存放在各自的柜子里，谁要算命，即根据出生的年、月、日、性别的不同的组合按不同的编码机械地到电脑的各个“柜子”里取出所谓命运的句子。这种在古代迷信的亡灵上罩上现代科学光环的勾当，是对科学的亵渎。

延伸阅读

抽屉原理的内容简明朴素，易于接受，它在数学问题中有重要的作用。许多有关存在性的证明都可用它来解决。如果问题所讨论的对象有无限多个，抽屉原理还有另一种表述：“把无限多个东西任意分放进 n 个空抽屉（n 是自然数），那么一定有一个抽屉中放进了无限多个东西。”

1958 年 6/7 月号的《美国数学月刊》上有这样一道题目：“证明在任意 6 个人的集会上，或者有 3 个人以前彼此相识，或者有 3 个人以前彼此不相识。”

这个问题可以用如下方法简单明了地证出：

在平面上用 6 个点 A、B、C、D、E、F 分别代表参加集会的任意 6 个人。如果 2 人以前彼此认识，那么就在代表他们的两点间连成一条红线；否则连一条蓝线。考虑 A 点与其余各点间的 5

条连线 AB、AC……AF，它们的颜色不超过 2 种。根据抽屉原理可知其中至少有三条连线同色，不妨设 AB、AC、AD 同为红色。如果 BC、BD、CD 中有一条（不妨设为 BC）也为红色，那么三角形 ABC 即一个红色三角形，A、B、C 代表的 3 个人以前彼此相识：如果 BC、BD、CD 连线全为蓝色，那么三角形 BCD 即一个蓝色三角形，B、C、D 代表的 3 个人以前彼此不相识。不论哪种情形发生，都符合问题的结论。

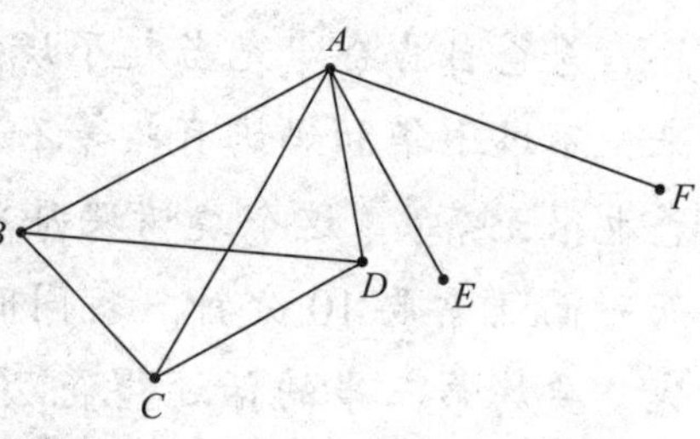

六人集会问题是组合数学中著名的拉姆塞定理的一个最简单的特例，这个简单问题的证明思想可用来得出另外一些深入的结论。这些结论构成了组合数学中的重要内容——拉姆塞理论。从六人集会问题的证明中，我们又一次看到了抽屉原理的应用。

烤肉片里的学问

情境导入

现代人注重生活品质，一到闲暇时往往会选择到户外郊游，呼吸新鲜空气，亲近大自然。烧烤便是近年来很流行的一种休闲方式。

烧烤

又是秋高气爽、风清云淡的季节，小华和爸爸妈妈一起来到郊外一个知名的度假村，享受悠闲的假日时光。

爸爸自告奋勇充当起了烧烤帅，他拿出自带的烧烤架忙活起来，不过小华和妈妈有些等不及了："什么时候才能烤好啊?" 爸爸也很无奈："这个烧烤架每次只能烤两串肉，一串肉要烤两面，而一面还需要10分钟。我同时烤两串的话，得花20分钟才能烤完。要烤第三串的话还得花20分钟。所以三串肉全部烤完需40分钟。"

小华却不这么认为，他低着头想了一会儿就大声对爸爸喊道："你可以更快些，爸爸，我知道你可以用30分钟就烤完三串肉。"

啊哈，小华究竟想出了什么好主意呢？你知道吗？

数学原理

为了说明小华的解法，我们设肉串为 A、B、C。每串肉的两面记为1、2。第一个10分钟先烤 A_1 和 B_1。然后把 B 肉串先放到一边，再花10分钟炙烤 A_2 和 C_1。此时肉串 A 可以烤完。再花10分钟炙烤 B_2 和 C_2。这样一来，仅花30分钟就可以烤完三串肉。小华的方法是不是很棒？我们在实际生活中是不是会经常碰到诸如此类的问题呢？那你有没有开动脑筋仔细想过呢？

其实这个简单的组合问题，属于现代数学中称为运筹学的分支。这门学科奇妙地向我们揭示了一个事实：如果有一系列操作，并希望在最短时间内完成，统筹安排这些操作的最佳方法并非马上就能一眼看出。初看是最佳的方法，实际上大有改进的余地。在上述问题中，关键在于烤完肉串的第一面后并不一定马上去烤其反面。

提出诸如此类的简单问题，可以采用多种方式。例如，可以改变烤肉架所能容纳肉串的数目，或改变待烤肉串的数目，或两者都加以改变。另一种生成问题的方式是考虑物体不止有两个面，并且需要以某种方式把所有的面都予以"完成"。例如，某人接到一个任务，把“n”个立方体的每一面都涂抹上红色油漆，但每个步骤只能够做到把“k”个立方体的顶面涂色。

延伸阅读

上述问题用到了运筹学的思想，实际上运筹学的思想在古代就已经产生了。敌我双方交战，要克敌制胜就要在了解双方情况的基础上，使用最优的对付敌人的方法，这就是“运筹帷幄之中，决胜千里之外”的说法。中国战国时期，曾经有过一次流传后世的赛马故事，相信大家都知道，这就是田忌赛马。田忌赛马的故事说明在已有的条件下，经过筹划、安排，选择一个最好的方案，就会取得最好的效果。可见，筹划安排是十分重要的。

运筹帷幄之中

但是作为一门数学学科，用纯数学的方法来解决最优方法的选择安排，却晚多了。也可以说，运筹学是在20世纪40年代才开始兴起的一门新的数学分支学科。

田忌赛马

运筹学主要研究经济活动和军事活动中能用数量来表达的有关策划、管理方面的问题。当然，随着客观实际的发展，运筹学的许多内容不但研究经济和军事活动，有些已经深入到日常生活当中去了，比如解决交通拥堵、排队问题等等。运筹学可以根据问题的要求，通过数学上的分析、运算，得出各种各样的结果，最后提出综合性的合理安排，以收到最好的效果。

随着科学技术和生产的发展，运筹学已渗入很多领域，并发挥越来越重要的作用。运筹学本身也在不断发展，现在已经是一门包括好几个分支的数学学科了。比如数学规划（包含线性规划、非线性规划、整数规划、组合规划等）、图论、网络流、决策分析、排队论、可靠性数学理论、库存论、对策论、搜索论、模拟等等。

为什么我们总会遇到交通拥堵

情境导入

小明每天都坐爸爸的车去上学，他们几乎每天都是早上7点半出门，然后在路上花半个小时到学校。又是一个星期一，小明由于贪睡晚起了一会儿，于是他顾不上吃早餐就赶紧要爸爸送他去学校，即使是这样还是比平时晚了5分钟出门。7点35分，他们准时出发，没想到，这样一来，小明竟然比平时晚了半个小时到学校。

交通拥堵

小明在责怪自己贪睡的同时，想到一个问题："为什么只是晚了5分钟出门，却多花了半个小时的时间在路上呢？"出现这种结果，当然与交通拥堵有关，但是它与数学又有什么关系呢？

数学原理

小明提出的这个问题实际上属于数学中一个有趣的部分，叫做"排队论"。小明居住在大城市北京，他从家到学校有一套红绿灯系统。城市中的红绿灯通常设计得对交通状况很敏感。比如30秒内如果没有车通过红绿灯前面的传感器，灯就会变为

红绿灯

红色。然而在上下班的高峰期，车辆不断通过传感器，灯就在预编程序上保持绿色。在城市的主干道上，红绿灯序列恰好是20秒绿之后40秒红，一段绿灯时间足够让10辆车通过。这意味着平均每分钟有10辆车通过城市路上的红绿灯。这就是红绿灯的“服务率”。

早上城市路上，大概是从6时开始稍稍有人，7时变得人流较稳定，8时上升为大量拥至，然后再减少，到10时车辆就更少了。只要进入城市路的车辆数（“到达率”）在每分钟10辆以下，同时车辆分布均匀，红绿灯就能应付。每分钟进入路上的车辆都能在单独一段绿灯时间内通过。尽管这套系统能应付每分钟10辆均匀分布的车，但只要驶来第十一辆车，就开始堵车。于是开始排成持久而增长的队，等候红绿灯的转换。

我们从上午8时开始，这时车还没有排成队，红绿灯转成红色了。

时间	下一分钟到达的车	1分钟内经过红绿灯的车	1分钟后红绿灯转成红色时的排队长度
8：00	11	10	1
8：01	11	10	2
8：02	11	10	3
8：03	11	10	4
……	11	10	……
8：20	11	10	21

所以在20分钟内，排队的车达到21辆。事实上情况比这更坏。首先，交通拥挤时间形成时，到达率愈来愈高，于是到了8:20，它可能上升到每分钟20辆车，而只有10辆车通过红绿灯，

因此发生一个问题：当排队长度变长时，可能开始会排到路上先前的一套红绿灯处，这意味着一些车辆甚至不能在先前的红绿灯显示绿色时通过那里。除此以外，再加上车辆到达时并非均匀分布而是呈会合状态的实际情况，就可以知道将要出现交通拥堵了。

如果红绿灯处排成队的车有25辆，而小明爸爸的车是其中最后一辆，那么他不仅不能一直通过这套红绿灯，还得等候红绿灯2次变换的持续时间，他这一批10辆车才能通过。如果红绿灯的变换只是每分钟一次，这意味着他在路上已经失去至少2分钟。所以说小明虽然晚出门5分钟却晚到学校半小时，其根本原因在于红绿灯的服务率不够高，不能应付特大的交通量。

延伸阅读

排队是日常生活和工作中常见的现象，一种是人的排队，例如上下班等待公交车的排队，顾客到商店购物形成的排队，病人到医院看病形成的排队，在售票处购票形成的排队等；另一种排队是物的排队，例如文件等待打印或发送，路口红灯下面的汽车，自行车通过十字路口等。

排队坐公交车

排队买票

排队现象由两个方面构成，一方面得到服务，另一方面给予服务。我们把要求得到服务的人或物（设备）统称为顾客，给予服务的服务人员或服务机构统称为服务台（有时服务员专指人，而服务台是指给予服务的设备）。顾客与服务台就形成一个排队系统，或称为随机服务系统，显然，缺少顾客或服务台任何一方都不会形成排队系统。

排队现象有的是以有形的形式出现，例如上下班等公交车等，这种排队我们称为有形排队；有的是以无形的形式出现，例如有许多顾客同时打电话到售票处订购机票，当其中一个顾客正在通话时，其他顾客就不得不在各自的电话机旁边等待，他们可能分散在各个地方，但却形成一个无形的队列，这种排队现象称为无形排队。

在各种排队系统中，随机性是它们的一个共性，而且起着根本性的作用。顾客的到达间隔时间与顾客所需的服务时间中，至少有一个具有随机性，否则问题就太简单了。

排队论主要研究描述系统的一些主要指标的概率分布，分为三大部分：

1）排队系统的性态问题

研究排队系统的性态问题就是研究各种排队系统的概率规律，主要包括系统的队长、顾客的等待时间和逗留时间以及忙期等的概率分布，包括它们的瞬时性质和统计平衡下的性态。排队系统的性态问题是排队论研究的核心，是排队系统的统计推断和最优化问题的基础。从应用方面考虑，统计平衡下的各个指标的概率性质尤为重要。

2）排队系统的统计推断

了解和掌握一个正在运行的排队系统的规律，需要通过多次观测、搜集数据，然后利用数理统计的方法对得到的数据进行加工处理，推断所观测的排队系统的概率规律，从而应用相应的理论成果来研究和解决排队系统的有关问题。排队系统的统计推断是已有理论的成果应用实际系统的基础性工作，结合排队系统的特点，发展这类特殊随机过程的统计推断方法是非常必要的。

3）排队系统的最优化问题

排队系统的最优化问题包括系统的最优设计和已有系统的最优运行控制，前者是在服务系统设置之前，对未来运行的情况有所估计，使设计人员有所依据。后者是对已有的排队系统寻求最优运行策略，例如库房领取工具，当排队领取工具的工人太多，就增设服务员，这样虽然增加了服务费用，但另一方面却减少了工人领取工具的等待时间，即增加了工人的有效生产时间，这样带来的好处可能远远超过服务费用的增加。

学习和应用排队论知识就是要解决客观系统的最优设计或运行管理，创造更好的经济效益和社会效益。

穿高跟鞋真的会变美吗

情境导入

周末的时候，小红一家三口出去逛商场，妈妈一见到鞋店就流连忘返，说是要买一款新的高跟鞋。爸爸在旁边不停地抱怨："还买啊，家里可以开鞋店了。"是啊，小红家里的鞋盒子已经堆得像小山一样了。可是没办法，市面上的高跟鞋一季比一季漂亮，款式天天更新，总让爱美的女士们觉得自己买的鞋不够好看，总有再买一双的欲望。

穿高跟鞋能让人显得修长

难道穿上高跟鞋真的会让人变美吗？

数学原理

我们假设某女士的腿长 x 与身高 e 比为0.60，即 $x:e=0.60$。若其所穿的高跟鞋高度为 d，则新的比值是 $(x+d):(e+d)=(0.60e+d):(e+d)$。如果该位女士的身高为1.60米，下表就显示出高跟鞋怎样“改善”了腿长与身高的比值：

原本腿长与身高比值 $\left(\frac{x}{e}\right)$	身高（e 厘米）	高跟鞋高度（d 厘米）	穿了高跟鞋后的新比值 $\left(\frac{0.60e+d}{e+d}\right)$
0.60	160	2.54	0.606
0.60	160	5.08	0.612
0.60	160	7.62	0.618

我们知道，0.618是黄金分割比，人体的躯干与身高的比值若符合这个比，就会令人产生赏心悦目的感觉。

由此可见，女士们相信穿高跟鞋使她们觉得更美是有数学根据的。不过，正在发育成长中的女孩子还是不穿为妙，以免妨碍身高的正常增长，况且，穿高跟鞋是要承担身体重量所引致脚部不适的代价的。若真的需要提高腿长与身高比值，不妨跳跳芭蕾舞。

延伸阅读

黄金分割律是公元前6世纪古希腊数学家毕达哥拉斯发现的，后来古希腊美学家柏拉图将此称为黄金分割。黄金分割无论是在理论上，还是实际生活中，都有着极其广泛而又简单的应用，从而也在历史上产生了巨大的影响。

芭蕾舞

古代，黄金分割比主要是作为作图的方法而被使用。到文艺复兴时期它又重新引起了当时人们的极大兴趣与注意，并产生了广泛的影响，得到了多方面的应用。如在绘画、雕塑方面，画家、雕塑家都希望从数学比例上解决最完美的形体各部分的相互关系问题，以此作为科学的艺术理论用来指导艺术创造，来体现理想事物的完美结构。著名画家达·芬奇在《论绘画》一书中就相信："美感完全建立在各部分之间神圣的比例关系上，各特征必须同时作用，才能产生使观众如醉如痴的和谐比例。"在这一时期，艺术家们自觉地被黄金分割的魅力所诱惑而使数学研究与艺术创作紧密地结合起来，并对后来形式美学与实验美学产生了巨大影响。

达·芬奇自画像

19 世纪，德国美学家蔡辛提出黄金分割原理且对黄金分割问题进行理论阐述，并认为黄金分割是解开自然美和艺术美奥秘的关键。他用数学比例方法研究美学，启发了后人。德国哲学家、美学家、心理学家费希纳进行了实验美学的尝试，把黄金分割原理建立在广泛的心理学测试基础上，将美学研究与自然科学研究结合在一起，引起广泛的注意。20世纪50年代，实验美学的研究十分活跃。直到如今，黄金分割原理仍然是一个充满了神奇之谜的科学美学问题。如在晶体学的准晶体结构研究领域中，黄金分割问题重新引起了物理学家和数学家们的兴趣。

为什么图书馆的大部分书的头几页会比较脏

情境导入

如果你经常去图书馆，那么你可能会发现一种奇妙的现象：图书馆的大部分书的头几页通常会比较脏。这是一种很普遍的现象，表面上看来并不奇怪，因为许多到图书馆读书的人大多是先看看书的开头，不喜欢的话就不会再接着读下去了。但是如果你有兴趣的话，再进行一下深入考察，你就会发现同样现象的存在。比如，数学书后的对数表、化学书后的一些化学常数、财务课本后的终值及现值系数表等等，由于这些数学用表是一种工具，只有需要查数据的人才会去碰它，因此，如果头几页比较脏，就说明人们查阅的数据大多在头几页里，同时反映出人们使用的数据并不是散乱的，而是有些数据使用的频率较高。你也可以统计一下所学过的数学、物理课本上面各种数据的开头数字。如果你统计的数据足够多，你就会惊讶地发现，打头数字是1的数据最多，大约占了所有数

图书馆

据的$\frac{1}{3}$，打头数字是2的数据其次，往后依次减少。这是一种巧合吗？难道人们对1情有独钟？

数学原理

1935年，美国通用电气公司的一位物理学家弗兰克·本福特也发现了这一“见怪不怪”的现象，当时他在图书馆翻阅数学对数表时发现，对数表的头几页比后面的更脏一些，这说明表的头几页在平时被更多的人翻阅。于是，这位物理学家对此产生了极大的兴趣。

通过更进一步的研究，本福特发现，只要统计的样本足够多，同时数据没有特定的上限和下限，则数据中以1为开头的数字出现的频率是0.301，这说明30%的数字都以1开头。而以2为首的数字出现的频率为0.176，而以3打头出现的频率为0.125，往后出现的频率依次减少，9出现的频率最低，只有0.046。这就是著名的本福特定律，也叫做第一数字定律。

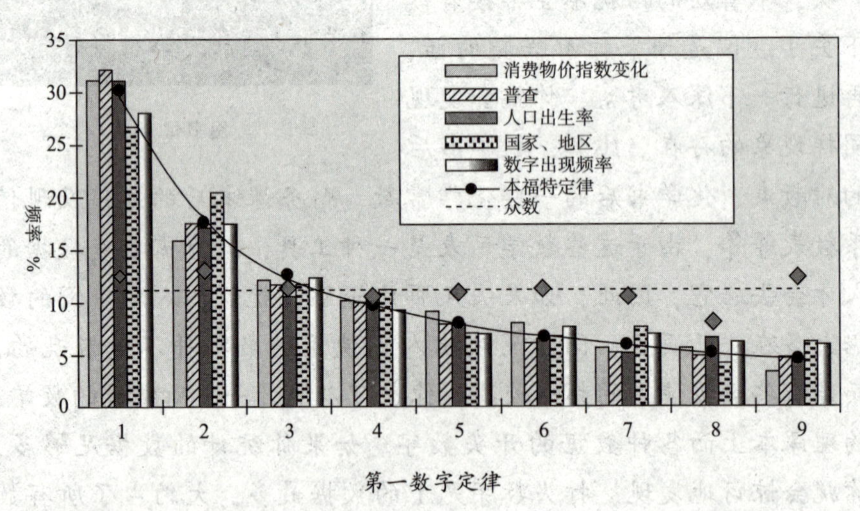

第一数字定律

该定律告诉人们在各种各样的数据库中每个数字（自然数从1到9）作为首个重要阿拉伯数字的使用频率。除数字1始终占据接近$\frac{1}{3}$的出现频率外，数字2的出现频率为17.6%，3出现的频率为12.5%，依次递减，9的出现频率是4.6%。在数学术语中，这一数学定律的公式可以表示为$F(d)=\log[1+(\frac{1}{d})]$，此公式中$F$代表使用频率，$d$代表待求证数字。

除了对数表，本福特对数字又做了更深一步的研究，他对其他类型的数据进行了统计、调查，发现各种完全不相同的数据，比如人口、死亡率、物理和化学常数、棒球统计表、半衰期放射性同位数、物理书中的答案、素数数字以及斐波纳契数列数字中均有这一定律的身影。换句话说，只要是由度量单位制获得的数据都符合第一数字定律。

本福特定律在我们的日常生活中很常见，但几十年来人们一直无法更合理地解释这个现象。此外，在生活中还有一些类似的数据与这一定律并不十分吻合。比如彩票数字、电话号码、汽油价格、日期和一组人的体重或者身高数据，这些数字大多是比较随意的，或者是任意指定的，是一些受限数据而不是由度量单位制获得的。这些数据就不符合第一数字定律所表现出来的规律。很多数学家研究了彩票的中奖号码，发现这里面并没有这样的规律，否则数学家就可以利用该规律来增加自己彩票中奖的概率了。

第一数字定律是如此的奇妙，到底什么样的数据符合本福特定律，什么样的数据不符合这一定律？这个问题同样让数学家们感到困惑。多年来许多科学家对于这些数字的奇异现象依然迷惑不解，一直难以得到合理的解释，但这一定律却在我们的生活中发挥出了实实在在的作用。虽然本福特定律没有让买彩票的人美梦成真，但是这一定律却能让造假账的人胆战心惊，让做假账的人现出原形。

数学家们发现，公司账本中的数据打头数字出现的频率与本福特定律有着惊人的巧合。如果做假账的人更改了账本上真实的数据，就会使账本上打头数字出现的频率发生变化从而偏离本福特定律。更有趣的是，数学家们还发现，在那些假账中，数字5和6居然是最常见的打头数字，而不是符合定律的数字1，这就表明，伪造者试图在账目中间“隐藏”数据。比如说一个公司的年度账目数据正常情况下应当满足这一定律，经济学家就可以根据这一定律查找出伪造数据，因为伪造的数据很难满足这一定律。也就是说，如果审核账本的审计人员掌握了本福特定律，伪造者就很难制造出虚假的数据了。

最为典型的就是美国安然公司“假账”事件。2001年，“9·11”事件发生后不久，曾是美国最大的能源交易商、年营业收入达近千亿美元、股票市值最高达700多亿美元、全球五百强中排名第七的安然公司在事先没有任何征兆的情况下突然宣布破产，当时传出了该公司高层管理人员涉嫌做假账的丑闻，一时间，会计造假成了中外关注的焦点。事后，人们惊奇地发现，安然公司在2001年度到2002年度所公布的每股赢利数字不符合本福特定律，这些数字的使用频率与这一定律有较大的偏差，这证明了安然公司的高层领导确实改动过数据。

到现在，本福特定律的形成原因依然还没有得到最终解释，但不可否认，它在我们的生活领域中却越来越广泛地被应用，这就是科学的奇妙之处，它无处不在，它时刻都在我们生活的周围，不仅仅是一个简单的数字出现的奇异现象，简单中蕴藏着意想不到的神奇。

见死不救真是道德沦丧吗

情境导入

近年来，我们经常看到某某新闻或报纸的头版头条纷纷报道，某人在众目睽睽之下落水，周围有许多人围观看“热闹”，却没有一个人施予援手，终于等到某个人“善心大发”去打110报警。等警察和医护人员赶到时，落水者却由于没有得到及时的救助而死亡。

见死不救的漫画

为什么围观的人没有一个人援助受害者？人们普遍归因于世态炎凉。但心理学家有不同的看法，他们通过大量的实验和研究，表明在公共场所观看危机事件的旁观者越多，愿意提供帮助的人就越少，这被称为“旁观者效应”。而这一现象也可通过数学原理得以证明。

数学原理

心理学家猜测，当旁观者的数目增加时，任何一个旁观者都会更少地注意到事件的发生，更少地把它解释为一个重大的问题或紧急情况，更少地认为自己有采取行动的责任。我们可以用经济学中的“纳什均衡”[1] 定量地说明，在人数变多时，的确是任何一个人提供帮助的可能性变小，而且存在某人提供帮助的可能性也在变小。通俗地说，在开头的案例中，围观者越多，报警的可能性越小。

在这里我们假设人都是利益动物（也就是说下面的分析不考虑社会心理学中提到的人的心理因素），在最开始的落水案件中，假设有 n 个围观者，有人提供帮助（报警），每个人都能得到 a 的固定收益，但报警者会有额外损失 b（可以看成提供帮助所消耗的时间、精力或者报警者所可能遇到的危险——怕被反咬一口）。

容易知道，在 $b>a$ 时，一个完全理性的人不可能去报警，所以我们只考虑 $0\leqslant b\leqslant a$ 的情形。我们来分析一下，在这个模型里面，每个人将如何行动。

按照上面的假定，对于某个人 A 而言，他的收益矩阵为：

	其他 $n-1$ 个人不报警	其他 $n-1$ 个人中有人报警
A 不报警	0	a
A 报警	$a-b$	$a-b$

我们求上面的收益矩阵的纳什均衡，由于每个人都是对称的（暂且只考虑对称的纳什均衡），不妨假设每个人不报警的概率为 p，不难得到纳什均衡在 $p=\left(\frac{b}{a}\right)^{\frac{1}{n-1}}$ 达到。注意 p 是随着人数 n 增大而增大的。更重要的是，存在某人报警的概率 $1-p^n=1-$

① 纳什均衡，简单说来，纳什均衡是指相互作用的经济主体，每一方都在另一方所选择的战略为既定时，选择自己的最优战略。一旦双方达到了这种纳什均衡，都不会再有做出不同决策的冲动。

$\left(\frac{b}{a}\right)^{\frac{n}{n-1}}$ 随着人数的增加而减少。

注意，上面的结果也提供了报警的概率与$\frac{b}{a}$的相关关系。

于是我们得出更多推断：

- 相对而言，城市居民比小乡村居民更冷漠：在人少的地方获得帮助的可能性反而更大。
- 朋友并不是越多越好。
- 求助时不要同时向若干人求助，即便如此也不要让他们互相知道。
- 更多人看热闹并不代表着社会道德水平更低。

一个社会的道德水平，如不考虑别的因素（社会和心理上的），将由 a 和 b 的比值决定，而在受益 a 确定的情况下，完全由 b 决定，这里的 b 是指提供帮助的成本（包括时间、精力以及有可能招致的打击报复，甚至忘恩负义者的反咬）。

和谐社会，需要努力降低前面的 b 值，例如通过给予物质上或者精神上的奖励。

延伸阅读

纳什

纳什均衡，又称为非合作博弈均衡，是博弈论的一个重要术语，以美国著名数学家约翰·纳什的名字命名。

博弈论属于运筹学的一个分支，它对人的基本假定是：人是理性的或者说是自私的。理性的人是指他在具体策略选择时的目的是使自己的利益最大化，博弈论研究的是理性的人之间是如何进行策略选择的。

纳什编制的博弈论经典故事“囚徒的困境”，说明了非合作博弈及其均衡解的成立，故称“纳什均衡”。

这个故事是说有一天，一位富翁在家中被杀，财物被盗。警方在此案的侦破过程中，抓到两个犯罪嫌疑人斯卡尔菲丝和那库尔斯，并从他们的住处搜出被害人家中丢失的财物。但是，他们矢口否认曾杀过人，辩称是先发现富翁被杀，然后只是顺手牵羊偷了点儿东西。于是警方将两人隔离，分别关在不同的房间进行审讯。由地方检察官分别和每个人单独谈话。

检察官说：“如果你单独坦白杀人的罪行，我只判你一年的监禁，但你的同伙要被判十年刑。如果你拒不坦白，而被同伙检举，那么你就将被判十年刑，他只判一年的监禁。但是，如果你们两人都坦白交代，那么，你们都要被判五年刑。”

博弈矩阵		囚犯甲（斯卡尔菲丝）	
		招供	不招供
囚犯乙（那库尔斯）	招供	判刑五年	甲判刑十年；乙判刑一年
	不招供	甲判刑一年；乙判刑十年	判刑三个月

斯卡尔菲丝和那库尔斯该怎么办才好呢？他们面临着两难的选择——坦白或抵赖。显然最好的策略是双方都抵赖，结果是大家都只被判三个月。但是由于两人处于隔离的情况下无法串供。所以，按照经济学家亚当·斯密的理论，每一个人都是从利己的目的出发，他们选择坦白交代是最佳策略。因为坦白交代可以期望得到很短的监禁——一年，但前提是同伙抵赖，显然要比自己抵赖坐十年牢好。这种策略是损人利己的策略。不仅如此，坦白还有更多的好处。如果对方坦白了而自己抵赖了，那自己就得坐十年牢。太不划算了！因此，在这种情况下还是应该选择坦白交

代，即使两人同时坦白，至多也只判五年，总比被判十年好。所以，两人合理的选择是坦白，原本对双方都有利的策略（抵赖）的结局（被判三个月刑）就不会出现。这样两人都选择坦白的策略以及因此被判五年的结局被称为“纳什均衡”，也叫非合作均衡。

因为，每一方在选择策略时都没有“共谋”（串供），他们只是选择对自己最有利的策略，而不考虑社会福利或任何其他对手的利益。也就是说，这种策略组合由所有局中人（也称当事人、参与者）的最佳策略组合构成。没有人会主动改变自己的策略以便使自己获得更大利益。

从“纳什均衡”中我们还可以悟出一条真理：合作是有利的“利己策略”。但它必须符合以下黄金律：按照你愿意别人对你的方式来对别人，但只有他们也按同样方式行事才行。也就是我们常说的“己所不欲，勿施于人”，但前提是“人所不欲，勿施于我”。

人身上的“尺子”

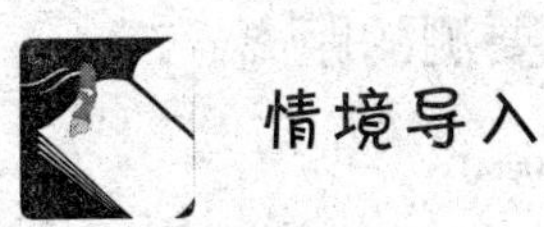

情境导入

春暖花开，正是春游的好时候。3 月的一天，小明所在的班级组织大家去郊外踏青。一路上，大家有说有笑，兴致很高。班主任何老师指着不远处的一棵白杨树问小明：“你有办法测出我们现在所在的地点和前方那棵大树之间的距离吗？”老师的这个问题难倒了小明，又没有尺子，怎么测呢？这时候，一直在旁边倾听的小华插话了：“老师，我有办法。”那在没有测量工具的情况下，小华是如何做到的呢？

数学原理

原来，小华是用自己的大拇指和手臂来测量距离的。而这种“大拇指测距法”是部队中狙击手必备的技能。

“大拇指测距法”是利用数学中的直角三角函数来测量距离的。下面我们就为大家详细讲解这种方法。

假设小华他们所在的地点距离大树有 n 米，测量他们到目标物的距离可以分为以下几个步骤：

1. 水平端起右手臂，右手握拳并立起大拇指。

2. 用右眼（左眼闭）将大拇指的左边与目标物重叠在一条直线上。

3. 右手臂和大拇指不动，闭上右眼，再用左眼观测大拇指左边，会发现这个边线离开目标物右边一段距离。

4. 估算这段距离（这个也可以测量），将这个距离乘以10，得数就是我们距离目标物的约略距离。

我们还可以画一个更简单的图形来解释。

如图，我们可以利用比例三角形原理求出要测的距离。

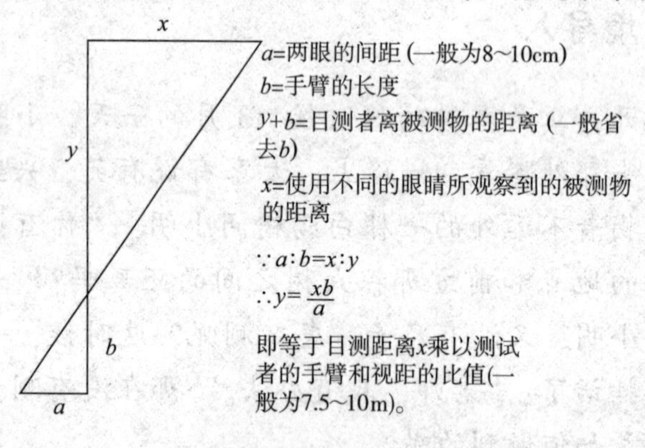

拇指测距示意图

当然，此方法需要一定的经验，有些客观的东西可以提供一些参考，如房屋大小以及房屋的间隔一般在 10 米左右，或者电线杆间隔为 50 米，城镇电线杆为 100 米，高压电为 200 米。需要自己平时多加练习才能够真正做到熟练使用，测量误差也会较小。

延伸阅读

其实，我们每个人身上都携带着几把现成的“尺子”。

1. 双脚

齐步走

用双脚测量距离，首先要知道自己的步子有多大，走得快慢有个谱。不然，也是测不准确的。

军队中对步子的大小有统一的规定，齐步走时，1 单步长 75 厘米，走 2 单步为 1 复步，1 复步长 1.5 米；行进速度为每分钟 120 单步。

为什么规定步长 1.5 米、步速为每分钟 120 单步呢？这是根据经验得来的。无数次测验的结果说明：一个成年人的步长，大约等于他眼睛距离地面高度的$\frac{1}{2}$，例如某人从脚跟到眼睛的高度是 1.5 米，他的步长就是 75 厘米。如果你有兴趣的话，不妨自己量量看。

还有一个经验：我们每小时能走的千米数，恰与每3秒钟内所迈的步数相同。例如，你平均3秒钟能走5单步，那每小时你就可以走5千米。不信，也可以试一试。

这两个经验，只是个概数，对每个人来说，不可能一点不差，这里有个步长是否均匀、快慢能否保持一致的问题。要想准确地测定距离，就要经常练习自己的步长和步速。

掌握了自己的步长和步速，步测就算学会了。步测时，只要记清复步数或时间，就能算出距离。例如，知道自己的复步长1.5米，数得某段距离是540复步，这段距离就是：540×1.5米=810米。若知道自己的步速是每分钟走54复步，走了10分钟，也可以算出这段距离是：54×10=540复步，540×1.5米=810米。根据复步与米数的关系，我们把这个计算方法简化为一句话："复步数加复步数之半，等于距离。"这样就能很快地算出距离来。

2. 目测

人的眼睛是天生的测量"仪器"，它既可以看近，近到自己的鼻子尖，又能看远，远到宇宙太空的天体。用眼睛测量距离，虽然不能测出非常准确的数值，但是，只要经过勤学苦练，还是可以测得比较准确的。有许多士兵就练出了一手过硬的目测本领，他们能在几秒钟内，准确地目测出几千米以内的距离，活像是一部测距机。

怎样用眼睛测量物体的距离呢？

人的视力是相对稳定的，随着物体的远近不同，视觉也不断地起变化，物体的距离近，视觉清楚，物体的距离远，视觉就模糊。

而物体的形状都有一定规律的，各种不同物体的远近不同，它们的清晰程度也不一样。我们练习目测，就是要注意观察、体会各种物体在不同距离上的清晰程度。观察得多了，印象深了，就可以根据所观察到的物体形态，目测出它的距离来。例如当一个人从远处走来，离你2千米时，你看他只是一个黑点；离你1千米时，你看他身体上下一般粗；离你500米时，能分辨出头、肩和四肢；离你200米时，能分辨出他们的面孔、衣服颜色和装备。

这种目测距离的本领，主要得靠自己亲身去体会才能学到手。别人的经验，对你并不是完全适用的。下面这个表里列的数据，是在一般情况下，正常人眼力观察的经验，只能供大家参考。

不同距离上不同目标的清晰程度

距离（米）	分辨目标清晰程度
100	人脸特征、手关节、步兵火器外部零件
150～170	衣服的纽扣、水壶、装备的细小部分
200	房顶上的瓦片、树叶、铁丝
250～300	墙可见缝，瓦能数沟；人脸五官不清；衣服、轻机枪、步枪的颜色可分
400	人脸不清，头肩可分
500	门见开关，窗见格，瓦沟条条分不清；人头肩不清，男女可分
700	瓦面成丝；窗见衬；行人迈腿分左右，手肘分不清
1000	房屋轮廓清楚，瓦片乱，门成方块窗衬消；人体上下一般粗
1500	瓦面平光，窗成洞；行人似蠕动，动作分不清
2000	窗是黑影，门成洞；人成小黑点，停动分不清
3000	房屋模糊，门难辨，房上烟囱还可见

你觉得根据目标的清晰程度判断距离没有把握时，还可以利用与现地的已知距离，相互进行比较，有比较才能判定。比如，

两根电线杆之间的距离，一般为50米，如果观测目标附近有电线杆，就可以将观测的物体与电引杆间隔比较，然后再判定。现地没有距离比较时，就用平时自己较熟悉的50米、100米、200米、500米等基本距离，经过反复回忆比较后再判定。如果要测的距离较长，可以分段比较，而后推算全长。

除了步测和目测之外，我们还有许多简单易行的测距方法。

张开大拇指和中指，两端的距离（约16.5厘米）为“一拃”，当然每个人的手指长短不一，假如你“一拃”的长度为8厘米，量一下你课桌的长为7拃，则可知课桌长为56厘米。

身高也是一把尺子。如果你的身高是150厘米，那么你抱住一棵大树，两手正好合拢，这棵树的一周的长度就大约是150厘米；如果是两个人正好抱拢，那么这棵树的周长就大致是两个人的身高。因为每个人两臂平伸，两手指尖之间的长度和身高大约是一样的。

要是你想量树的高度，影子也可以帮助你。你只要量一量树的影子和自己的影子长度就可以了。因为树的高度 = 树影长 × 身高 ÷ 人影长。这是为什么？等你学会比例以后就明白了。

你若去游玩，要想知道前面的山离你有多远，可以请声音帮你量一量。声音每秒能走340米，那么你对着山喊一声，再看几秒可听到回声，用340乘以听到回声的时间，再除以2就能算出来了。

学会用身上这几把尺子，对计算一些问题是很有好处的。同时，在日常生活中，它也会为你提供方便。

音乐中的数学原理

音阶——数学对于耳朵

情境导入

小丽从小就喜欢音乐，而且能歌善舞，常常跟着电视上的音乐哼唱。等她上学了，学校里开设了音乐课，当她第一次打开音乐课本时，发现课本上竟然布满了她熟悉的阿拉伯数字，老师告诉她这些普通的数字可以表示音阶的高低。小丽纳闷了：这不是音乐课吗？怎么会有这么多数字呢？难道音乐和数学还有什么关系吗？

6· 3 | 2 – | 2 3·1 | 6· 5 | 6 7 7

数学原理

和语言一样，不同民族都有过自己创立并传承下来的记录音乐的方式——记谱法。各民族的记谱方式各不相同，但是目前被更广泛使用的是五线谱和简谱。它们都与数学有密切的联系。简谱不正是用阿拉伯数字 1、2、3、4、5、6、7 来表示 Do、Re、Mi、Fa、Sol、La、Si 的吗？难怪有人开玩笑说，学音乐要上达到 8。为什么呢？因为阿拉伯数字 8 在五线谱中也发挥着重要的作用，它常常在器乐谱中以 8------ 的面目出现，这就是移动八度记号。如果 8------ 标记在五线谱的上方，那么虚线内的音符要移高一个八度演奏，而标记在五线谱的下方，显然虚线内的音符要移低一个八度演奏。另外还要下达到 0，因为在简谱中 0 表示休止符。再看简谱和五线谱上，一般都会出现♩= 60，♩= 96，♩= 132 这样的标记，这种标记就是用来表示音乐进行的快慢的，即音乐的速度。比如，♩= 132 就表示以四分音符为单位拍，每分钟 132 拍。

五线谱

音阶是音乐的写作语言，就像方程和符号是数学的写作语言一样。悦耳的音乐会让人感到舒适、愉悦，田野中昆虫啁啾的鸣叫，枝头鸟儿清脆的叫声，《牧笛》优美动听的旋律，贝多芬令人振奋的交响曲……当你沉浸在这些美妙的音乐中时，你是否和小丽一样想到了它们与数学有着密切的联系？

延伸阅读

毕达哥拉斯是西方文明中缔造音阶的第一人。他认为音阶必须不多不少，正好拥有 7 个不同的音符。相传 2500 年前的一天，毕达哥拉斯偶然经过一家打铁店门口，被铁锤打铁的有节奏的悦耳声音所吸引。他感到很惊奇，于是走入店中观察研究。他发现 4 个铁锤的重量比恰为 12∶9∶8∶6，将两两一组来敲打都发出和谐的声音，这几组分别是：12∶6 = 2∶1 一组，12∶8 = 9∶6 = 3∶2 一组，

12∶9 = 8∶6 = 4∶3 一组。

毕达哥拉斯发现音阶的过程

毕达哥拉斯进一步用单弦琴做实验加以验证。对于固定张力的弦，利用可自由滑动的琴马来调节弦的长度，一面弹，一面听。毕达哥拉斯经过反复的试验，终于初步发现了音乐的奥秘，归结出毕达哥拉斯的琴弦律：

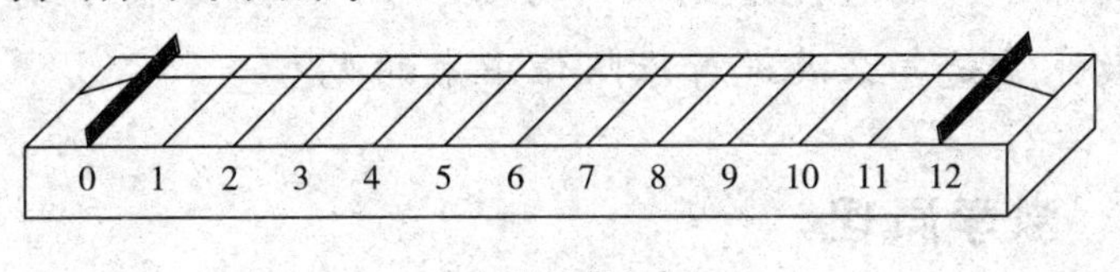

单弦琴

(1) 当两个音的弦长成为简单整数比时，同时或连续弹奏，所发出的声音是和谐悦耳的。

(2) 两音弦长之比为4∶3、3∶2 及 2∶1 时，是和谐的，并且音程分别为四度、五度及八度。

也就是说，如果两根绷得一样紧的弦的长度之比是 2∶1，同时或连续弹奏，就会发出相差八度的谐音；而如果两条弦的长度的比是 3∶2 时，就会发出另一种谐音，短弦发出的音比长弦发出的音高五度，等等。

物理学家伽利略（1564—1642）发现弦振动的频率跟弦长成反比。因此，我们可以将毕达哥拉斯所采用的“弦长”改为“频率”来定一个音的高低。从而毕达哥拉斯的发现就是：两音的频率比为 1∶2、2∶3 及 3∶4 时，分别相差八度、五度及四度音。例如，频率为 200 与 300 的两音恰好相差五度音。

毕达哥拉斯音律是弦长的简单整数比。声音透过一些简单而固定的比例，形成令人喜悦的和谐音乐，这就是一种特别的数学表现。

乐谱的书写离不开数学

情境导入

小红最近刚刚在数学课上学习了有关分数的知识。可是在上音乐课时，细心的她也发现了“分数”的身影，比如在每一首乐曲的开头部分，她总能看到一个分数，比如 4/4、3/4 或 6/8 等。这些分数究竟是怎么混进音乐队伍中来的呢？

数学原理

在乐谱中，拍号、单纯音符、附点音符等，莫不与分数息息相关。谱写乐曲要使音符适合于每音节的拍子数，这实质是分数求和的过程——在一个固定的拍子里，不同时值的音符必须使它凑成一个特定的节拍。

小红在每一首乐曲的开头部分看到的分数，比如4/4、3/4或6/8等，其实是用来表示不同拍子的符号，即拍号。其中分数的分子表示每小节中单位拍的数目，分母表示以几分音符为一拍。

如 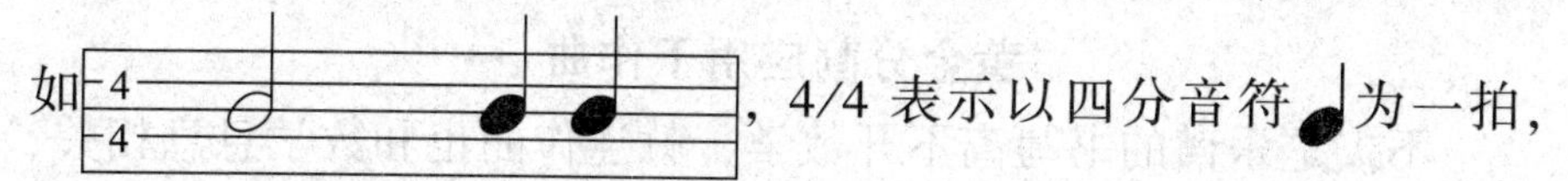，4/4表示以四分音符♩为一拍，每小节4拍。拍号一旦确定，那么每小节内的音符就要遵循由拍号所确定的拍数，这可以通过数学中的分数加法法则来检验。比如

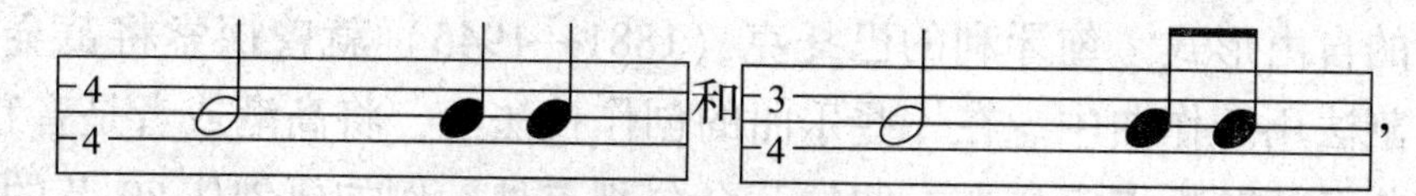

就符合由拍号4/4和3/4分别所确定的拍数，因为

$$1/2+1/4+1/4=4/4，1/2+1/8+1/8=3/4。$$

而

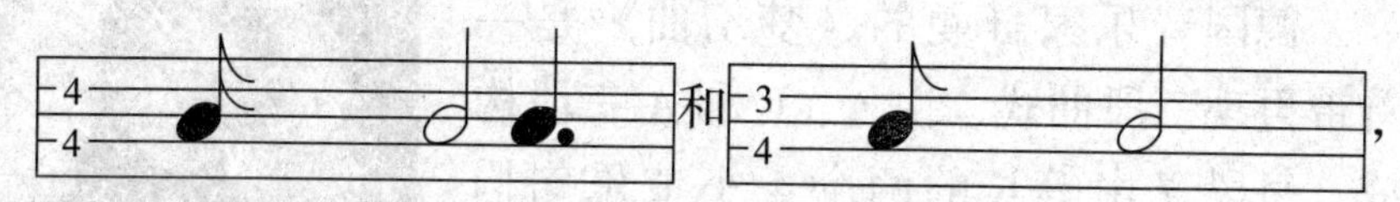

则不符合由拍号4/4和3/4分别所确定的拍数，因为

$$1/16+1/2+（1/4+1/8）=15/16\neq4/4，1/8+1/2=5/8\neq3/4。$$

乐谱的书写是数学在音乐上显示其影响的最为明显的地方。在乐谱中，我们可以找到拍号（4/4、3/4或1/4等）、每个小节的拍子、全音符、二分音符、四分音符、八分音符等等。谱写乐曲要使它适合于每音节的拍子数，这很像找公分母的过程——在一个固定的拍子里，不同长度的音符必须使它凑成一个特定的节拍。然而作曲家在创造乐曲时却能极其美妙而又毫不费力地把它们与乐谱的严格构造有机地融合在一起。对一部完整的作品进行分析，我们会看到每一个音节都有规定的拍数，而且运用了各种合适长度的音符。

黄金分割应用于作曲

不仅是乐谱的书写离不开数学，就连作曲也和数学息息相关，黄金分割应用于作曲便是数学对音乐的影响的另一个显著领域。

20 世纪，某些音乐流派开始打破以往的规范形式，而采用新的自由形式。匈牙利的巴托克（1881—1945）就曾探索将黄金分割法用于作曲中。在一些乐曲的创作技法上，将高潮或者是音程、节奏的转折点安排在全曲的黄金分割点处。例如要创作 89 节的乐曲，其高潮便在 55 节处，如果是 55 节的乐曲，高潮便在 34 节处。

德国音乐家舒曼

德国音乐家舒曼的《梦幻曲》是一首带再现三段曲式，由 A、B 和 A′三段构成。每段又由等长的两个 4 小节乐句构成。全曲共分 6 句，24 小节。理论计算黄金分割点应在第 14 小节（$24\times0.618\approx14.83$），与全曲高潮正好吻合。有些乐曲从整体至每一个局部都合乎黄金比例，本曲的 6 个乐句在各自的第二小节进行负相分割（前短后长）；本曲的三个部分 A、B、A′在各自的第二乐句第二小节正相分割（前长后短），这样形成了乐曲从整体到每一个局部多层复合分割的生动局面，使乐曲的内容与形式更加完美。

大、中型曲式中的奏鸣曲式、复三段曲式是一种三部性结构，其他如变奏曲、回旋曲及某些自由曲式都存在不同程度的三部性因素。黄金比例的原则在这些大中型乐曲中也得到不同程度的体现。一般来说，曲式规模越大，黄金分割点的位置在中部或发展部越后，甚至推迟到再现部的开端，这样可获得更强烈的艺术效果。

莫扎特

莫扎特《D大调奏鸣曲》第一乐章全长160小节，再现部位于99小节处，不偏不倚恰恰落在黄金分割点上（160×0.618≈98.88）。据美国数学家乔巴兹统计，莫扎特的所有钢琴奏鸣曲中有94%符合黄金分割比例，这个结果令人惊叹。我们未必就能弄清，莫扎特是有意识地使自己的乐曲符合黄金分割呢，抑或只是一种纯直觉的巧合现象。然而美国的另一位音乐家认为："我们应当知道，创作这些不朽作品的莫扎特，也是一位喜欢数字游戏的天才。莫扎特是懂得黄金分割，并有意识地运用它的。"

钢琴键盘上的数学

情境导入

钢琴

小明从小就喜欢音乐，所以爸爸在他7岁那年就给他报了钢琴兴趣班。小明一直坚持学习，转眼就学了7年多。

随着小明数学知识的丰富，身为大学数学老师的爸爸有意考考儿子："小明，你从小就学习数学和钢琴，有没有发现钢琴键盘上也藏着数学知识呢？"小明被爸爸弄糊涂了："我只知道乐谱上的节拍是用分数表述的，简谱的书写也可以用阿拉伯数字。可是这钢琴键盘和数学有什么关系呢?”爸爸有意引导儿子:“你瞧,在钢琴的键盘上,从一个C键到下一个C键就是音乐中的一个八度音程,这个你都知道。其中共包括13个键,有8个白键和5个黑键,而5个黑键又分成2组,一组有2个黑键,一组有3个黑键,而2、3、5、8、13这一列数,你是否发现有规律可循呢?”小明想了半天也没想出来。难道这一列数真有什么奇妙的规律吗?

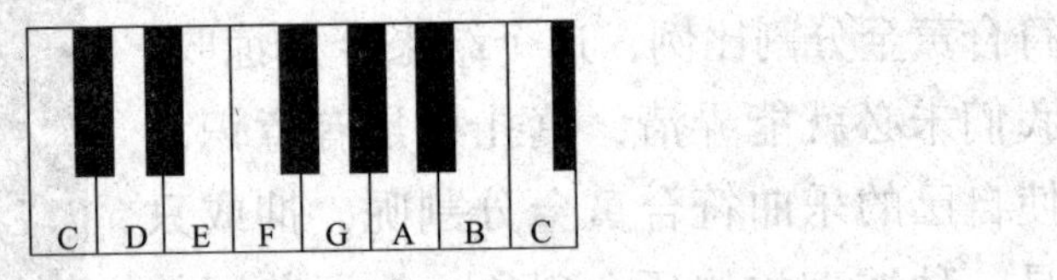

琴键上的八度音程

数学原理

其实仔细观察,我们不难发现,钢琴键盘上的这一组数2、3、5、8、13是有规律可循的,这个数列从第三项开始,每一项都等于前两项之和。比如5=2+3、8=5+3……以此类推。可别小看这个看似普通的数列,它就是大名鼎鼎的斐波那契数列中的前面几个数。它的通项公式为:$F_n=\frac{\left(\frac{1+\sqrt{5}}{2}\right)^n-\left(\frac{1-\sqrt{5}}{2}\right)^n}{\sqrt{5}}$(又叫“比内公式”,是用无理数表示有理数的一个范例)。有趣的是,这样一个完全是自然数的数列,通项公式居然是用无理数来表示的。

延伸阅读

斐波那契数列的发明者,是意大利数学家列昂纳多·斐波那契。他还被人称作“比萨的列昂纳多”。1202年,他撰写了《珠算原理》一书。他是第一个研究了印度和阿拉伯数学理论的欧洲人。他的父亲被比萨的一家商业团体聘任为外交领事，派驻地点相当于今日的阿尔及利亚，列昂纳多因此得以在一个阿拉伯老师的指导下研究数学。他还曾在埃及、叙利亚、希腊、西西里和普罗旺斯研究数学。

《珠算原理》刚问世时，仅有为数寥寥的学者知晓印度和阿拉伯数学。这部著作后来迅速传播，引起了神圣罗马帝国皇帝腓特烈二世的关注。列昂纳多应召觐见，在皇帝面前受命解决五花八门的数学难题。自此，他与腓特烈二世以及宫廷学者们保持了数年的书信往来，交换数学难题。斐波那契数列衍生于《珠算原理》中的一道题目如下：

有一个人把1对兔子放在四面围着的地方，想要知道1年后有多少对兔子生出来。假定每个月1对兔子生下另外1对。而这新的1对在2个月后就生下另外1对。

在 1月1日只有
2月1日有
3月1日有
4月1日有
5月1日有
6月1日有

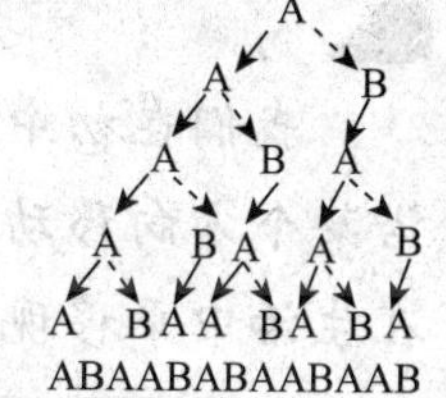

这是一个算术问题，但是却不能用普通的算术公式算出来。我们可以用符号A表示一对成长的兔子，用B表示一对出生的兔子，用图来表示兔子繁殖的情形：这里实箭头表示照样成长，虚箭头表示生下小兔子。

如果知道这个月的繁殖情况，下个月的繁殖情况可以很容易写出来，只要把这个月里的A改写成AB（表示A还加上一对新生的兔子），而这个月的B改写成A（表示新生小兔已成长为大兔子）。

请读者自己试试写到第十二月的情形，然后再填写下一个表：

月　份	1月	2月	3月	4月	5月	6月	7月	8月	9月	10月	11月	12月
A的数目	1	1	2	3	5	8	13	21	34	55	89	144
B的数目	0	1	1	2	3	5	8	13	21	34	55	89
总　数	1	2	3	5	8	13	21	34	55	89	144	233

因此在第二年的1月1日应该有144对新生小兔子，所以总

共有兔子 233 + 144 = 377 对。

这个结果实在令人吃惊，在你最初看到斐波那契的问题时，你估计兔子数目最多不会超过 50 对，没有想到兔子繁殖得这么多。这只不过是一个假设问题，如果兔子真的是以这样的速率生育，我们的地球可能不是“人吃兔子”而是“兔子吃人”了！

数学家后来就把 1、1、2、3、5、8、13、21、34、55、89、144、233……的数列称为斐波那契数列，以纪念这位最先得到这个数列的数学家，而且用 F_n 来表示这个数列的第 n 项。

音乐中的数学变换

情境导入

我们在初中的时候会学习平移的概念，在平面内将一个图形沿某个方向移动一定的距离，这样的图形运动就称为平移。其实在生活中平移现象也是随处可见，如下图所示。

自动扶梯

缆车

那么，既然数学中存在着平移变换，音乐中是否也存在着平移变换呢？

数学原理

我们可以通过下图的两个音乐小节来寻找答案。如果我们把第一个小节中的音符平移到第二个小节中去，就出现了音乐中的平移，这实际上就是音乐中的反复。把左图的两个音节移到直角坐标系中，那么就表现为右图。

显然，这正是数学中的平移，我们知道作曲者创作音乐作品的目的在于想淋漓尽致地抒发自己内心的情感，可是内心情感的抒发是通过整个乐曲来表达的，并在主题处得到升华，而音乐的主题有时正是以某种形式的反复出现的。比如，下图就是西方爵士乐圣者进行曲（When the Saints Go Marching In）的主题，显然，这首乐曲的主题就可以看作通过平移得到的。

如果我们把五线谱中的一条适当的横线作为时间轴（横轴 x），与时间轴垂直的直线作为音高轴（纵轴 y），那么我们就在五线谱中建立了时间—音高的平面直角坐标系。于是，图中一系列的反复或者平移，就可以用函数近似地表示

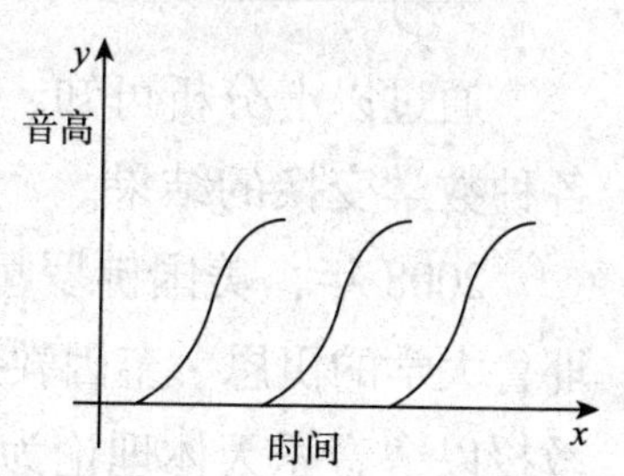

出来，如图所示，其中 x 是时间，y 是音高。当然我们也可以在时间—音高的平面直角坐标系中用函数把两个音节近似地表示出来。

在这里我们需要提及 19 世纪的一位著名的数学家，他就是约瑟夫·傅里叶（Joseph Fourier），正是他的努力使人们对乐声性质的认识达到了顶峰。他证明了所有的乐声，不管是器乐还是声乐，都可以用数学式来表达和描述，而且证明了这些数学式是简单的周期正弦函数的和。

延伸阅读

音乐中不仅仅出现平移变换，还可能会出现其他的变换及其组合，比如反射变换等等。左图的两个音节就是音乐中的反射变换。如果我们仍从数学的角度来考虑，把这些音符放进坐标系中，那么它在数学中的表现就是我们常见的反射变换，如右图所示，同样我们也可以在时间—音高直角坐标系中把这两个音节用函数近似地表示出来。

通过以上分析可知，一首乐曲有可能是对一些基本曲段进行各种数学变换的结果。

2008 年，美国佛罗里达州立大学的克利夫顿·卡伦德教授、耶鲁大学的伊恩·奎因教授和普林斯顿大学的德米特里·蒂莫奇科教授以“音乐天体理论为基础”，利用数学模型，设计了一种新的方式，对音乐进行分析归类，提出了所谓的“几何音乐理论”，把音乐语言转换成几何图形，并将成果发表于4月18日的《科学》杂志上，他们认为用此方法可以帮助人们更好地理解音乐。

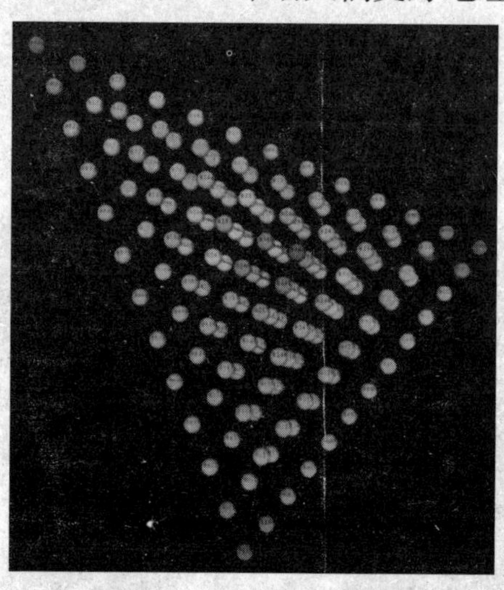

科学家们展示的音乐模型图

他们所用的基本的几何变换包括：平移、对称、反射（也称镜像，包括横向与纵向反射）、旋转等（指的五线谱，不适用于简谱）。平移变换通常表示一种平稳的情绪，对称（关于原点，x轴或y轴对称）则表示强调、加重情绪，如果要表示一种情绪的转折（如从高潮转入低谷或从低谷转入高潮）则多采用绕原点180度的旋转。

乐器的形状也和数学有关

情境导入

小斌一家人都十分喜爱音乐，他们一家人在闲暇的时候还会举行小型的家庭音乐会，爸爸演奏自己拿手的低音号，小斌则弹奏钢琴，妈妈虽然不会演奏乐器，可嗓子不错，不时地高歌一曲。

星期六的晚上，小明和爸爸练习完乐器以后，爸爸向他提出了一个有关乐器的问题：“你想过没有，为什么你的钢琴和我的低音号形状和结构有那么大的区别呢?”这个问题还真难倒了小斌。他从来不曾想过这个问题。不过这个问题包含的数学知识对于刚上初中一年级的小斌来说确实有点难度。

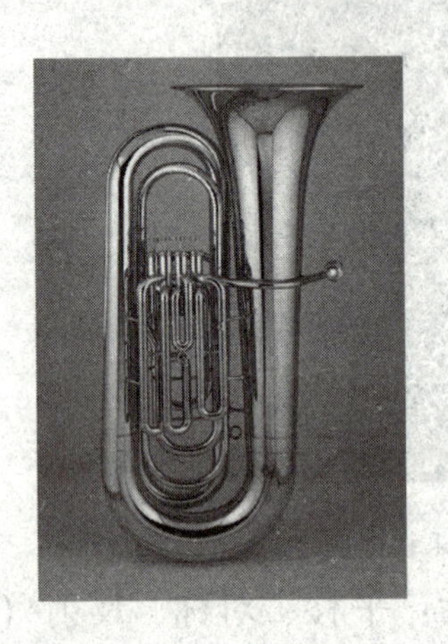
低音号

钢琴

数学原理

实际上，许多乐器的形状和结构都与各种数学概念有关，指数函数和指数曲线就是这样的概念。指数曲线由具有 $y = k^x$ 形式的方程描述，式中 $k > 0$。一个例子是 $y = 2^x$，它的坐标如右图如示。

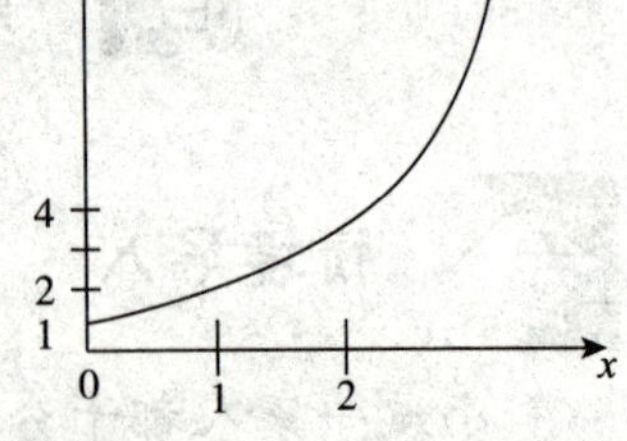

音乐的器械，无论是弦乐还是管乐，在它们的结构中都反映出指数曲线的形状。

对乐声本质的研究，在19世纪法国数学家傅立叶的著作中达到了顶峰。他证明了所有的乐声——不管是器乐还是声乐——都能用数学表达式来描述，它们是一些简单的正弦周期函数的和。每种声音都有三种品质：音调、音量和音色，并以此与其他的乐声相区别。

傅立叶的发现，使人们可以将声音的三种品质通过图解加以描述并区分。音调与曲线的频率有关，音量与曲线的振幅有关，而音色则与周期函数的形状有关。

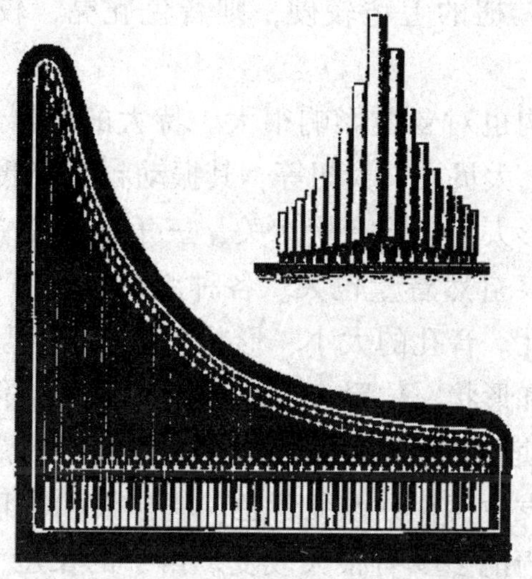

平台钢琴的弦与风琴的管，它们的外形轮廓都是指数曲线

延伸阅读

乐器的表现力为什么如此千差万别、色彩纷呈？这是由哪些因素决定的呢？

首先是乐器的材料。应该说任何材料都可能制成乐器，但是有优劣和雅俗之分。例如：小提琴的面板就要用杉木、云杉等，背板要用枫木。木材的纹理要细、匀、顺，而且要用一两百年以上的树木。

小提琴

对木材的干燥度、动态弹性模量、传声速度及密度等都有一定要求，才能得到优质的提琴。

高级钢琴的琴板则要求用意大利松木或挪威的云杉、银杉，美国的白松、红松、黑松等。这些材料的声阻低，传声快，传输损失小，共振峰高。提琴的指板、琴弓要用硬木或特殊的木材。弓弦要用马尾，而且还规定有一定的粗细和长度。钢琴的琴槌也会影响音质，琴槌的毛毡较硬，则音色脆亮，较软则音色比较柔和。

乐器的结构也对音质影响很大。特大的乐器都是低音乐器，如大号、巴松、大贝司、大胡等，其振动频率较低。

乐器的外形大小也同音量有关，三角钢琴比立式钢琴有更大的琴箱和琴板，自然音量也大。各种弦乐器都有共鸣箱即琴箱，有许多还有音孔。音孔的大小、形状、位置都会影响音质。琴马的大小、厚薄和形状、位置，也都会影响振动的传播。钢琴有了踏脚板，可以使演奏增加很大的变化。钢琴击弦点的位置不同也会使谐波成分发生变化并改变音色。管乐器喇叭口的形状不同会使辐射出去的声能多少有很大改变。笛子的长短、粗细，吹孔和音孔的大小、形状，吹口处边棱的厚薄，笛尾的长短、厚薄、粗细等都能够影响吹奏出来的音质。

至于乐器的演奏，则各行有各行的功夫。拉提琴的手、指、腕、臂上都有功夫。弓法、弓位、运弓角度和力度，拨奏的速度、力量、位置、触点大小等，都会影响音质。钢琴的手指触键和踏瓣的使用，笛的运气及口、舌、指上的功夫，手风琴的运风箱，铜管乐器的吹气方向、角度、口形等都与发声有关。

为什么有的人五音不全

情境导入

随着人们生活水平的日益提高，卡拉 OK 越来越受到大家的欢迎。当然了，这些业余歌手的水平也是参差不齐，有人唱得悦耳动听，有人的歌声却常让人觉得像鬼哭狼嚎，甚至是“噪音污染”，他们也常常自嘲是“五音不全”。那么为什么不同的人唱歌会有如此大的差别？其中的原因和数学有关系吗？

卡拉 OK 是时下流行的娱乐方式

数学原理

从物理学角度讲，声音可分为乐音和噪音两种。表现在听觉上，有的声音很悦耳，有的却很难听，甚至使人烦躁。

声源体发生振动会引起四周空气振荡，这种振荡方式就是声波。声以波的形式传播着，我们把它叫做声波。最简单的声波就是正弦波。正弦（sine）这个词，实际上是源自拉丁文的 sinus，意思是“海湾”。正弦曲线就很像海岸上的海湾。它也是最简单的波动形式。优质的音叉振动发出声音的时候产生的

海湾

是正弦声波，而许多乐器发出的波形是很复杂的，但是正弦波仍然是最基本的。法国数学家傅立叶得出了一个重大发现，几乎任何波形，不管其形状多么不规则，全都是不同正弦波的组合与叠加。

当物体以某一固定频率振动时，耳朵听到的是具有单一音调的声音，这种以单一频率振动的声音称为纯音。但是，实际物体产生的振动是很复杂的，它是由各种不同频率的许多简谐振动所组成的，其中最低的频率称为基音，比基音高的各频率称为泛音。如果各次泛音的频率是基音频率的整数倍，那么这种泛音称为谐音。基音和各次谐音组成的复合声音听起来很和谐悦耳，这种声音称为乐音。这些声音随时间变化的波形是有规律的，凡是有规律振动产生的声音就叫乐音。

如果物体的复杂振动由许许多多频率组成，而各频率之间彼此不成简单的整数比，这样的声音听起来就不悦耳也不和谐，还会使人产生烦躁。这种频率和强度都不同的各种声音杂乱地组合而产生的声音就称为噪音。各种机器噪音之间的差异就在于它所包含的频率成分和其相应的强度分布都不相同，因而使噪音具有各种不同的种类和性质。这就从一定程度上解释了为什么有些卡拉 OK 的歌手唱歌会如此让人难以忍受了。

延伸阅读

文艺复兴时期发现的音阶中，12 个音符里头的第七个（现在叫做 F#音）特别令人讨厌。它在同几乎任何一个其他音符相结合时，发出的声音都很刺耳，不但令人战栗，而且使听者觉得仿佛是饿狼正在

狼嚎

附近嚎叫。这就是众所周知的“狼嚎音程”。教堂里把$F^{\#}$称为魔鬼的音符，在相当长的一段时期内规定：所有的音乐中都不准使用。

大自然音乐中的数学

情境导入

一年四季，昆虫的鸣叫此起彼伏。其中，蟋蟀的鸣叫尤为起劲，鸣声也多种多样。我国自古就有“蟋蟀上房叫，庄稼挨水泡”等谚语，以此作为人们识别天气、安排农耕的有利依据。难道在蟋蟀歌声的背后还有着我们不曾了解的数学秘密吗？

蟋蟀

数学原理

其实，蟋蟀唱歌的频率可以用来计算温度。实际上，随着温度的升高，雄性蟋蟀鸣叫的频率会随之加快。通过计算蟋蟀鸣叫的频率次数，特别是一种名叫雪白树蟋的蟋蟀（英文名叫做Snowy Tree Cricket，拉丁文的学名叫做Oecanthus Fultoni，在我国又被称为玉竹蛉）的鸣叫次数，就能换算出大致的温度，我们以这种树蟋为例来说说怎么计算：

· 首先得找到这样的一只树蟋

· 14秒为一个间隔，计算蟋蟀鸣叫的次数

· 所得的次数加上38

· 这就是目前的温度（华氏 F）

华氏（F）温度和摄氏（C）温度的换算公式为：

$5(F-50°)=9(C-10°)$。式中 F 代表华氏温度，C 代表摄氏温度。

这一现象最早是美国物理学家和发明家 Amos Dolbear 于 1897 年发现的。那一年，他发表了一篇名叫“作为温度计的蟋蟀”的文章。在文中，他总结出温度和蟋蟀鸣叫次数之间关系的 Dolbear 定律（这里 N 代表每分钟蟋蟀鸣叫的次数）：

计算华氏温度的公式

$$T_F=50+\left(\frac{N-40}{4}\right)$$

计算摄氏温度的公式

$$T_C=10+\left(\frac{N-40}{7}\right)$$

这一温度计算公式，只在华氏 45 度（摄氏 7.22 度）以上时才起作用。低于这个温度，蟋蟀就开始变得行动迟缓。如果温度过高，超过华氏 90 度（摄氏 32.22 度），蟋蟀就会大幅度地减少鸣叫的次数以节省能量。

蟋蟀的鸣声多种多样。例如雄蟋蟀在孤单时，发出普通的鸣声“曲儿”，这种声音舒缓而悠长，旨在招引附近的雌蟋蟀。倘若找到了配偶，雄虫又“一、一”连叫几声，声音轻柔、短促，显得情意绵绵。

两只雄蟋蟀狭路相逢时，则又是另一番叫法。这时它发出的是

"曲儿，曲儿，曲儿"的高亢急促之声，这和雄虫在召偶时发出的声音完全不同。此时它是在盛气凌人地示威，如果对手也叫了起来，那么它会越叫越响，似乎要在气势上和精神上压倒对方。交战开始了，如果第一个回合占了上风，它就叫得更激烈，如果最后也终于取胜了，胜者会四处追寻败敌，显出一副威风凛凛的架势。有些败虫在刚刚摆脱被追赶的窘境时，偶尔也会发出几声有气无力的叫声，只是音调低沉，或许也是败者一种聊以自慰的手段吧。

此外，同一种蟋蟀在整个秋季的鸣声也有所不同。早秋，蟋蟀刚蜕壳成熟时，它所发出的声，比较低沉柔美。过了白露，蟋蟀日趋成熟，因而叫声显得更为洪亮，苍劲有力。而近寒露时，蟋蟀声音凄婉，似乎还带着颤音，说明它的生命活动已接近尾声了。

人们关心的是，为何蟋蟀能如此精确无误地把握住外界环境温度的变化？又为何能根据需要鸣唱出各种截然不同的音符？这确实是一些值得探讨的谜，有待于科学家进一步研究、探索，乃至发现。

古琴音乐中的几何学

情境导入

弹古琴的仕女

古琴，也称瑶琴、玉琴、七弦琴，为中国最古老的弹拨乐器之一。它是在孔子时期就已盛行的乐器，在中国历史上流传了3000余年，不曾中断，20世纪初才被称作"古琴"，如今我们常在古装片中见到它的身影。在中国古代社会漫长的历史阶段中，"琴、棋、书、画"历来被视为文人雅士修身养性的必由之径。古琴因其清、和、淡、雅的音乐品格寄寓了文人凌风傲骨、超凡脱俗的处世心态，而在音乐、棋术、书法、绘画中居于首位。这样一件产生于史前，而且几乎完整不变地流传至今的乐器究竟与数学又有着什么千丝万缕的联系呢？

数学原理

众所周知，无论古今，不分地域，任何地方只要有人，就会有音乐，这就说明音乐必定有着某种属性，它是一种与时空无关的非民族性的属性，即音乐的自然属性。可这种自然属性究竟是什么呢？怎样才能将它表示出来呢？分形几何为这一问题的解答提供了一种可能。

分形几何的概念是由曼德尔布罗特（B. B. Mandelbrot）在20世纪70年代提出来的。它的主要思想是，在不规则现象表面所呈现的杂乱无章的背后仍存在着规律，这个规律就是在放大过程中呈现出的自相似性。

什么是自相似呢？例如一棵苍天大树与它自身上的树枝及树枝上的枝杈，在形状上没什么大的区别，大树与树枝这种关系在几何形状上称之为自相似关系。那么对于古琴这样一件产生于史前，而且几乎完整不变地流传至今的乐器，它奏出的旋律是否也存在分形的规律呢？

据科学家研究，为了研究音乐的分形几何，首先必须把它加以量化，因此撇开音乐的社会学定义不讲，现在我们从数学上给它下一个定义：音乐是具有不同音高（频率）的音的一种有序排列。既然如此，那

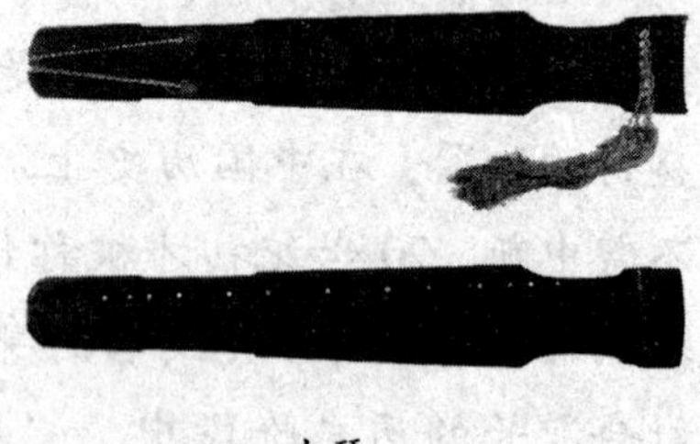

古琴

么这种有序的数学表达是什么？随意地敲击琴键不会产生音乐，不同音的有序排列组成了旋律，这种排列是分形的吗？如果答案是肯定的，那么在一首音乐作品中两相邻音之间的音程 i 与其出现的几率 F 应满足下述关系：

$F = C/iD$ 或 $\log F = C' - D\log i$

即音程 i 的对数与其出现概率 F 的对数之间存在线性关系，也就是说以 $\log F$ 和 $\log i$ 为纵横坐标作图，则各点均应在同一直线上。其中 D 为该作品的分形维数（分维），C 为比例系数，$C' = \log C$。

我们也使用这一方案对我国古琴音乐进行分析。

首先选取《古逸丛书》中管平湖打谱的《幽兰》进行分析。对该曲中音程 i 及其出现几率 F 的统计结果如下表：

音程数 i	0	1	2	3	4	5	6	7	8	9	10	11	12	>12	总数
出现次数	166	48	393	105	32	26	10	29	5	3	5	2	66	29	919
出现概率 F%	18. 06	5. 22	42. 78	11. 43	3. 48	2. 83	1. 09	3. 16	0. 544	0. 326	0. 544	0. 218	7. 18	3. 16	100

将音程 i 及其出现概率 F 分别取对数对应作图可以看到，在区间 $2 \leqslant i \leqslant 11$，存在分形关系：

$F = 3.80/i3.15$

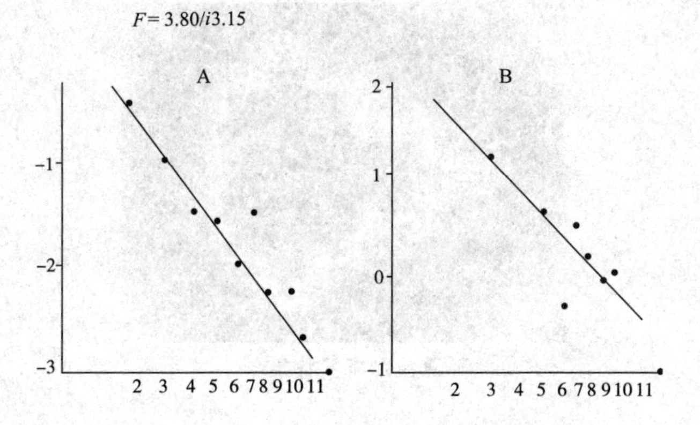

为了更深入地理解这一问题，有关学者对大量的古琴曲进行了统计分析，结果表明，绝大多数的乐曲中均存在着分形关系。特别是古琴曲《阳春》和《华胥引》，它们有一个共同的特点是分形关系中的比例系数 C =1（即分形关系线延长与纵轴相交于 O 点），这与莫扎特的 F 大调《奏鸣曲》及 A 大调《奏鸣曲》完全一样。一般认为，莫扎特的这两首曲子有着图画般的绚丽，而古琴曲《阳春》和《华胥引》也是音画交融，美妙无比。

延伸阅读

“分形几何”一词源自拉丁语 Frangere，词本身具有“破碎”、“不规则”等含义。曼德尔布罗特研究中最精彩的部分是 1980 年他发现的并以他的名字命名的集合，他发现整个宇宙以一种出人意料的方式构成自相似的结构。曼德尔布罗特集合图形的边界处，具有无限复杂和精细的结构。如果计算机的精度不受限制的话，可以无限地放大它的边界。当你放大某个区域，它的结构就在变化，展现出新的结构元素。这正如“蜿蜒曲折的一段海岸线”，无论怎样放大它的局部，它总是曲折而不光滑。曼德尔布罗特集合是对传统几何学的挑战。

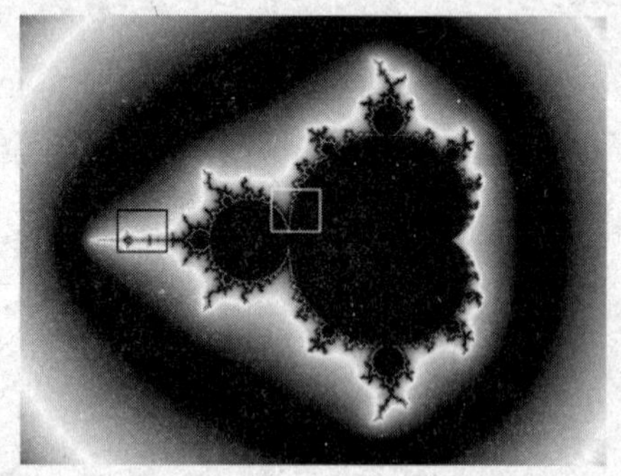

曼德尔布罗特集合

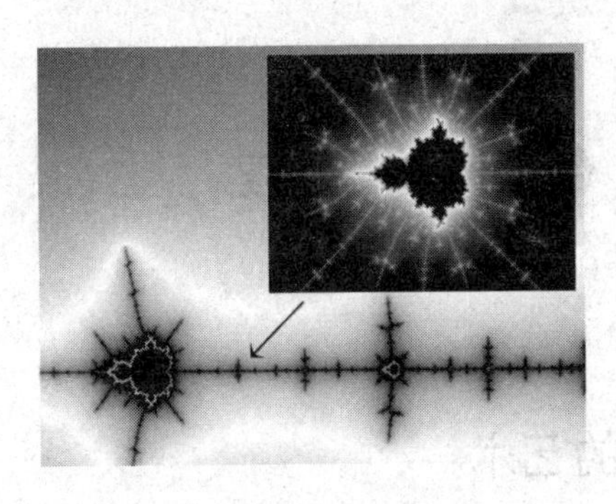

曼德尔布罗特集合局部放大

曼德尔布罗特集合局部放大

用数学方法对放大区域进行着色处理，这些区域就变成一幅幅精美的艺术图案，这些艺术图案被人们称为“分形艺术”。

“分形艺术”以一种全新的艺术风格展示给人们，使人们认识到该艺术和传统艺术一样具有和谐、对称等特征的美学标准。这里值得一提的是对称特征，分形的对称性即表现了传统几何的上下、左右及中心对称，同时它的自相似性又揭示了一种新的对称性，即画面的局部与更大范围的局部的对称，或者说局部与整体的对称。这种对称不同于欧几里得几何的对称，而是大小比例的对称，即系统中的每一元素都反映和含有整个系统的性质和信息。

分形是一个崭新的概念，它诞生以后对传统的数学和物理学都产生了强大的冲击。因其思想新颖而独特，引起人们广泛的关注。

绘画与建筑中的数学原理

点的艺术

情境导入

喜欢美术的朋友，尤其是对印象派有浓厚兴趣的读者应该不会对下面这幅油画感到陌生。没错，这幅让人迷醉的画就是法国新印象派主义画派的代表画家修拉的代表作——《大碗岛上的星期日下午》。当这幅画于1886年在最后一次印象派画展上展出时，引起了轰动。

大碗岛上的星期日下午

《大碗岛上的星期日下午》描绘的是巴黎西北方塞纳河中奥尼埃的大碗岛上一个晴朗的日子，游人们聚集在阳光下的河滨的树林间休息。有的散步，有的斜卧在草地上，有的在河边垂钓。前景上一大片暗绿色调表示阴影，中间夹着黄色调子的亮部，显示出午后的强烈阳光，草地为草绿色。画面上都是斑斑点点的色彩，太阳照射的地方有着强烈的闪光。整幅画有着一种在强烈阳光下睁不开眼睛的感觉，而那些投射在草地上的阴影，又陡增了人物树木的立体感。人的形象好像剪影，看不清形象与表情。画面像是布满了纯色小点的碎裂面，但退远而观之，这些小点却好像融汇出一片图景，创造出一种未曾有过的美丽色彩和令人迷醉的朦胧感。那么这样一幅精美绝仑的图画中又蕴含着怎样的数学原理呢？

数学原理

19 世纪 80 年代中期，当印象主义在法国画坛方兴未艾之际，又派生出了一种新的艺术流派——新印象主义。

新印象主义利用光学科学的实验原理来指导艺术实践。自然科学的成果证明，在光的照耀下一切物体的色彩是分割的。他们认为印象主义表现光色效果的方法还不够"科学"，主张不要在调色板上调和颜料，应该在画布上把原色排列或交错在一起，让观众的眼睛进行视觉混合，然后获得一种新的色彩感受。画面上的形象由若干色点组成，好似缤纷的镶嵌画，所以该画派又被称为"点彩派"。因为它的理论是色彩分割原理，也叫"分割主义"艺术。

《大碗岛上的星期日下午》正是采用的这种画法。仔细看，画面由一些竖直线和水平线组成，且它们不是连续线条，而是由许多小圆点组成的，整个画面也是由小圆点组成的，看起来井井有条，整体感强烈，并且显得特别宁静。

法国印象派画家修拉

修拉是根据自己的理论来从事创作的，他力求使画面构图合乎几何学原理，他根据黄金分割法则，将画面中物象的比例，物象与画面大小、形状的关系，垂直线与水平线的平衡，人物角度的配置等，制定出一种全新的构图类型。注重艺术形象静态的特性和体积感，建立了画面的造型秩序。

画中人物都是按远近透视法安排的，并以数学计算式的精确，递减人物的大小和在深度中进行重复来构成画面，画中领着孩子的妇女正好被置于画面的几何中心点。画面上有大块对比强烈的明暗部分，每一部分都是由上千个并列的互补色小笔触色点组成的，使我们的眼睛从前景转向觉得很美的背景，整个画面在色彩的量感中取得了均衡与统一。

在这幅画里，修拉还使用了垂直线和水平线的几何分割关系和色彩分割关系，描绘了盛夏烈日下有40个人在大碗岛游玩的情景，画面上充满一种神奇的空气感，人物只有体积感而无个性和生命感，彼此之间具有神秘莫测的隔绝的特点。

修拉的这幅画预示了塞尚的艺术以及后来的立体主义、抽象主义和超现实主义的问世，使他成为现代艺术的先驱者之一。

延伸阅读

其实，不论是设计或者作图，恰当地利用几何图形会更好地展现主题或产生奇异的效果。

比如集邮爱好者熟知的异形邮票，因为其形状区别于普通矩形邮票更容易成为集邮爱好者的藏品。

圆弧三角形轮廓

莱洛三角形（圆弧三角形）是一种特殊的形状，它是这样画成的，先画一个辅助正三角形ABC，然后以顶点A为圆心画弧过B和C，以B为圆心画弧过A和C，以C为圆心画弧过A和B。所得的三段圆弧组成的图形叫做莱洛三角形。一幅画或一件平面工艺品采用这种轮廓，会显得工整而不呆板，灵活但非随意，因为有角显得刚毅，有弧显得圆润，刚柔相济。上图就是利用圆弧三角形制成的一幅吉祥图案，内有一琴一鹤，外有松针环绕，寓意松鹤延年，健康长寿。

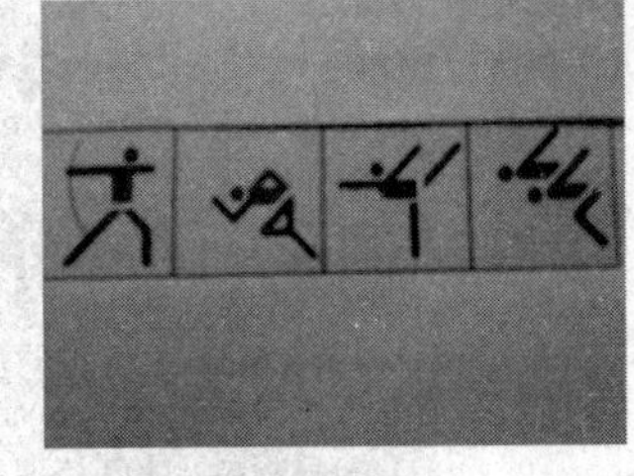

图标

有些图标用几何图形组成画面，简明生动，一目了然。右图中的四个图标分别表示射箭、短跑、滑冰和双人跳水。这些画面活灵活现地表示了所要表现的内容，如射箭运动员，脚踏弓箭步，推弓拉弦，稳如泰山，蓄势待发。

也可以利用几何图形来设计装饰画。下图中的少女，弹着琴弦，踏着舞步，回眸一望百媚生。她那弯曲的右臂，与身体围成一个正三角形。整个画面环绕着这个正三角形展开，从她的头、颈、身体、四肢直到衣服上的装饰花纹，数不清的平行线，长短不等，粗细有致。稳定的正三角形结构，使她的舞步稳健有力。斜倚的琴身，正六边形琴筒，角度略有变化，使画面平稳但不呆板。画面还有一些曲线，主要是圆周和圆弧，与直线光滑连接，刚劲里透露着娇柔。寥寥几笔，勾勒出明亮的眼和俏丽的嘴。通过平移，使直线与曲线有规律的重复，形成节奏和韵律。通过旋转，用线段组成绒球，为画面增添动感。

装饰画

另外，几何图形被大量应用于平面镶嵌中。用多边形镶嵌出来的精美图案，让人赏心悦目、心旷神怡。在正多边形中，只有正三角形、正方形、正六边形才能镶嵌整个平面；在非正多边形中，三角形、任何非凸四边形可以镶嵌整个平面；对于凸五边形，只有特定的凸五边形才能镶嵌一个平面；对于凸六边形，也只有特定的凸六边形（三组对边平行）才可以平面镶嵌。

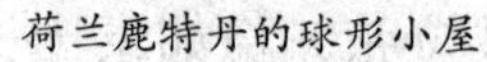

荷兰鹿特丹的球形小屋

台湾冬心花园里的三角面凉亭

在空间设计中，恰当地运用几何图形，会给人留下与众不同、焕然一新的印象。上图是荷兰鹿特丹市商业街上的一个球形小屋，它将球面沿着当中分成两半，下半球做柜台，上半球做阳伞，柜台留有缺口，工作人员可以自由进出。球面的外观被设计成一个大橘子，老远就知道是卖水果的地方，既实用又美观，招来了很多游客。

在我国台湾的冬心花园里有多个造型奇特的凉亭。凉亭的屋顶像正方体的一角，由相聚于一个顶点的两两垂直的正方形面组成。整个凉亭像个大魔方。

透视在美术中的运用

情境导入

让我们来看两幅画：一幅是中世纪的油画（图 1），明显没有远近空间的感觉，显得笔法幼稚，有点像幼儿园孩子的作品；另一幅是文艺复兴时代的油画（图 2），同样有船、人，但远近分明，立体感很强。

图1

图2

为什么会有这样鲜明的对比和本质的变化呢？这中间究竟有什么不同？

数学原理

答案很简单，数学！这中间数学进入了绘画艺术。中世纪宗教绘画具有象征性和超现实性，而到了文艺复兴时期，描绘现实世界成为画家们的重要目标。如何在平面画布上真实地表现三维世界的事物，是这个时代艺术家们的基本课题。粗略地讲，远小近大会给人以立体感，但远小到什么程度，近大又是什么标准？这里有严格的数学道理。

文艺复兴时期的数学家和画家们进行了很好的合作，或者说这个时代的画家和数学家常常是一身兼二任，他们探讨了这方面的道理。

下图为15世纪德国数学家、画家丢勒著作中的插图，图中一位画家正在通过格子板用丢勒的透视方法为模特画像，创立了一门学问——透视学，同时将透视学应用于绘画而创作出了一幅又一幅伟大的名画。

我们不妨再欣赏一幅：达·芬奇的《最后的晚餐》。达·芬

奇创作了许多精美的透视学作品。这位真正富有科学思想和绝伦技术的天才，对每幅作品都进行过大量的精密研究。他最优秀的杰作都是透视学的最好典范。《最后的晚餐》描绘出了真情实感，一眼看去，与真实生活一样。观众似乎觉得达·芬奇就在画中的房子里。墙、楼板和天花板上后退的光线不仅清晰地衬托出了景深，而且经仔细选择的光线集中在基督头上，从而使人们将注意力集中于基督。12 个门徒分成 3 组，每组 4 人，对称地分布在基督的两边。基督本人被画成一个等边三角形，这样的描绘目的在于，表达基督的情感和思考，并且身体处于一种平衡状态。草图中给出了原画及它的数学结构图。

达·芬奇的《最后的晚餐》草稿

达·芬奇的《最后的晚餐》

再看另外一幅，拉斐尔的《雅典学派》。这幅画是拉斐尔根据自己的想象艺术再现了古希腊时期数学与学术的繁荣，是透视原理与透视美的典范之作。由这些画可以看出从中世纪到文艺复兴期间绘画艺术的变革，可以说是自觉地应用数学的过程。

拉斐尔的《雅典学派》

延伸阅读

数学对绘画艺术作出了贡献，绘画艺术也给了数学以丰厚的回报。画家们在发展聚焦透视体系的过程中引入了新的几何思想，并促进了数学的一个全新方向的发展，这就是射影几何。

在透视学的研究中产生的第一个思想是，人用手摸到的世界和用眼睛看到的世界并不是一回事。因而，相应地应该有两种几何，一种是触觉几何，一种是视觉几何。欧氏几何是触觉几何，它与我们的触觉一致，但与我们的视觉并不总一致。例如，欧几里得的平行线只有用手摸才存在，用眼睛看它并不存在。这样，欧氏几何就为视觉几何留下了广阔的研究领域。

画家们研究出来的聚焦透视体系，其基本思想是投影和截面取景原理。人眼被看做一个点，由此出发来观察景物。从景物上的每一点出发通过人眼的光线形成一个投影锥。根据这一体系，画面本身必须含有投射锥的一个截景。从数学上看，这截景就是一张平面与投影锥相截的一部分截面。

17 世纪的数学家们开始寻找这些问题的答案。他们把所得到的方法和结果都看成欧氏几何的一部分。诚然，这些方法和结果大大丰富了欧几里得几何的内容，但其本身却是几何学的一个新的分支，到了 19 世纪，人们把几何学的这一分支叫做射影几何学。射影几何集中表现了投影和截影的思想，论述了同一物体的相同射影或不同射影的截景所形成的几何图形的共同性质。这门“诞生于艺术的科学”，今天成了最美的数学分支之一。

美术中的平移和对称

情境导入

团花是中国剪纸中历史最悠久、运用最广泛的一种形式。新疆古墓中出土的南北朝时期的五幅我国最早的剪纸实物，就是团花造型。团花用途广泛，年节的窗花、婚礼的喜花、贺礼的礼花，甚至现代舞台装饰中都有它的身影。

团花

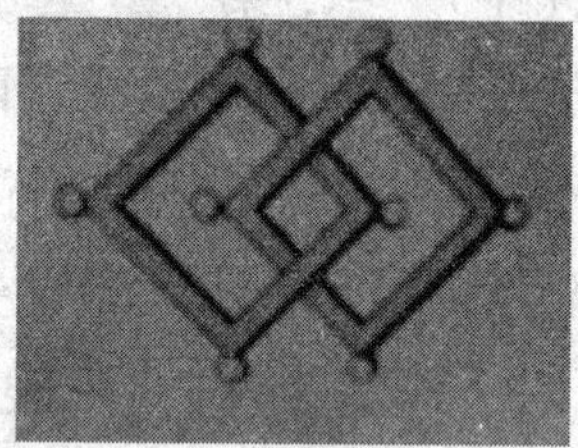

方胜

脸谱

而另一幅图中以两个菱形叠压相交而成的图形叫做方胜，是古代妇女的一种发饰，因为两相叠压，所以被赋予了连绵不断的吉祥寓意。还有我们喜爱的京剧脸谱。仔细观察这几幅图，它们有什么数学上的性质呢？

数学原理

把平面上（或者空间里）每一个点按照同一个方向移动相同

的距离，叫做平面（或者空间）的一个平移。对称分为轴对称、中心对称、旋转对称、平移对称和滑移对称。如果两个图形沿着一条直线对折，两侧的图形能完全重合，称这两个图形关于这条直线轴对称。中心对称是指两个图形绕某一个点旋转180°后，能够完全重合，称这两个图形关于该点对称，该点称为对称中心。如果将某个图形绕一个定点旋转定角以后，仍与原图形重合，就说这个图形是旋转对称，定点叫做旋转中心。其中平移对称图案是一个单元图案沿直线平行移动产生的，滑移 = 平移 × 轴对称。

只要稍加留意，就不难发现团花是轴对称图形，也是旋转对称图形（旋转60°）。方胜则是中心对称图形。

对称，作为美的艺术标准，可以说是超越时代和地域的。从中国古代敦煌壁画到荷兰现代画家埃舍尔的作品，都是完美的对称的杰作。

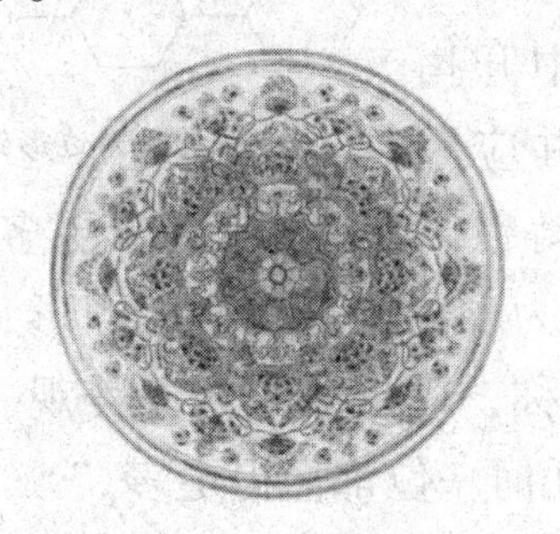

敦煌壁画：圆光

埃舍尔：圆的极限

延伸阅读

在平面镶嵌中，也多运用了平移、对称等数学技巧。说到镶嵌，就不能不提荷兰现代画家埃舍尔。我们知道，规则的平面分割叫做镶嵌，镶嵌图形是完全没有重叠并且没有空隙的封闭图形的排列。一般来说，构成一个镶嵌图形的基本单元是多边形或类似的常规形状，例如经常在地板上使用的方砖。

古希腊毕达哥拉斯学派已经发现：正多边形中只有三种能够镶嵌整个平面。如下图所示。

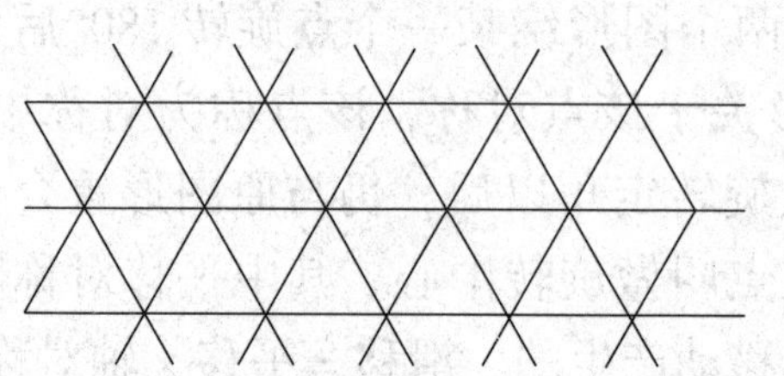

平面的正三角形镶嵌

平面的正方形镶嵌

但埃舍尔对各种镶嵌都十分着迷，不管是规则的还是不规则的。他还特别钟爱所谓的“变形”：图形变化，且相互作用。

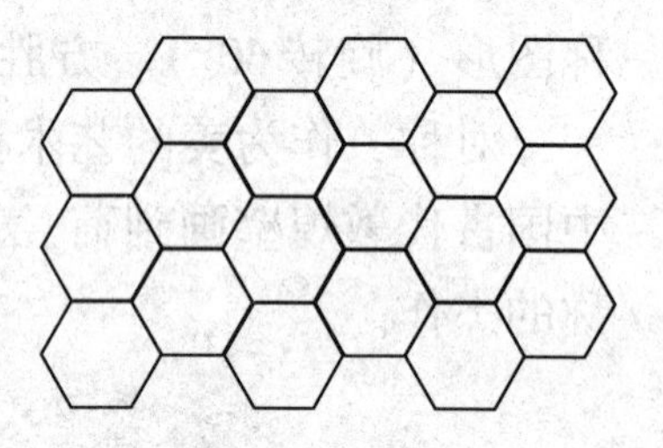

平面的正六边形镶嵌

埃舍尔在他的平面镶嵌画中开拓性地使用了一些基本的图案，并应用了反射、滑动反射、平移、旋转等数学方法，获得了更多的图案。他还将基本的图形进行变形，成为动物、鸟和别的图形。变化后的图形服从三重、四重或六重对称，效果既惊人又美观。一位俄国数学家对他说：“你比我们中任何一位都懂得更多。”

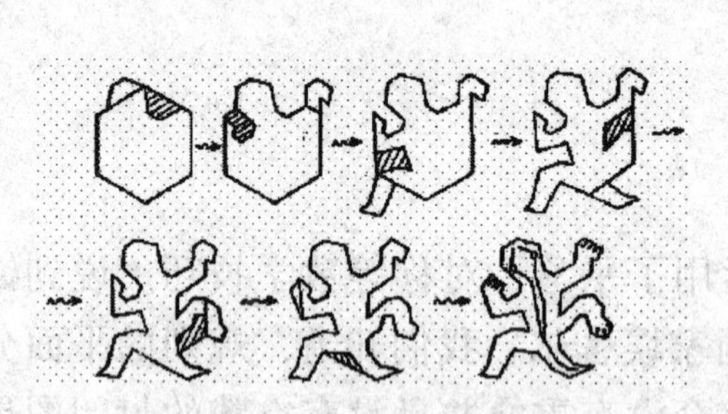

埃舍尔镶嵌图案的构造

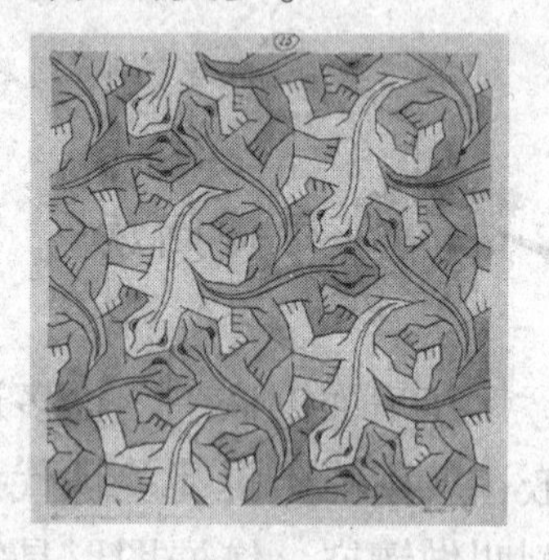

爬虫的平面镶嵌

骑马的人：平面的规则镶嵌

天鹅的规则平面镶嵌

鸟的规则平面镶嵌

昼与夜

天与水之一

凡·高画作中的数学公式

情境导入

先让我们来欣赏后期印象派代表人物荷兰画家凡·高的两幅作品《星空》和《麦田上的乌鸦》。

《星空》

《麦田上的乌鸦》

从这两幅高度抽象的画作中，我们可以发现一些漩涡式的图案。一直以来人们把这些漩涡看成凡·高的一种艺术表现形式，但现在来自墨西哥的物理学家对此却有不同的看法。他认为，这些旋涡背后暗藏着一些复杂的数学和物理学公式。

数学原理

湍流问题曾被称为“经典物理学最后的疑团”，科学家们一直试图用精确的数学模型来描述湍流现象，但至今仍然没有人能够彻底解决。20世纪40年代，苏联数学家柯尔莫哥洛夫提出了“柯尔莫哥洛夫微尺度”公式。借助这个公式，物理学家可以预测流体任意两点之间在速率和方向上的关系。

而来自墨西哥国立自治大学的物理学家乔斯·阿拉贡经过研究发现，在凡·高《星空》、《星星下有柏树的路》、《麦田上的乌鸦》这些画作里出现的漩涡正好精确地反映了这个公式。阿拉贡认为《星空》和凡·高其他充满激情的作品是他在精神极不稳定的状态下完成的，这些作品恰好抓住了湍流现象的本质。

《星星下有柏树的路》

事实上，创作《星空》的时候，凡·高正在法国南部圣雷米的精神病院接受治疗。当时的他已经陷入癫痫病带来的内心狂乱状态，时而清醒，时而混乱。阿拉贡相信，正是凡·高的幻觉让他得以洞察漩涡的原理。对于发病产生的那些幻觉，凡·高曾把它描述成“内心的风暴”，而他的医生则把它称为“视觉和听觉剧烈的狂热幻想”。

而一旦凡·高恢复平静，他便失去了这种描绘湍流的能力。

1888年底，他在与好友高更吵了一架后割掉了自己的一只耳朵。在入院接受治疗期间，他因为服用了镇定药物而使内心变得非常平静。他在这期间创作的作品便找不到漩涡的影子。

对于凡·高在画作里表现的物理现象，哈佛大学神经病学的教授史蒂文·沙克特表示，他很有可能是受了癫痫症的影响，因为有人会在发病时产生新的、异常的意识，他的感觉和认知都会变得不正常，有时还会有灵魂出窍的经历。

虽然在画作里出现过漩涡的画家不止凡·高一个，比如表现主义画家爱德华·蒙克的名作《呐喊》里也充满了漩涡，但是阿拉贡通过研究发现其他画家笔下的漩涡都无法像凡·高笔下的那样精确地反映数学公式。

如果说凡·高是不经意间将深奥的数学公式暗藏于画作之中，那么德国画家丢勒则是真正将数学与绘画相结合的艺术大师。

丢勒认为，研究数学能使自己的绘画水平获得提高，特别是几何、透视和一些射影几何概念。他对人体比例也做了大量工作。我们总能从他的艺术作品中发现无处不在的数学的影子。比如，他的著名的木刻画《忧郁症》描述的是一个因为数学患上忧郁症的天使。《忧郁症》的构图元素十分丰富：在一间不知是书斋还是作坊的小木屋外，高大健壮的天使手持圆规，托腮苦思，身旁发呆的爱神，打盹儿的狗，散落的工具——天秤、沙漏、锯子、刨子、圆球、多面体、木梯……林林总总，屋墙上那幅四阶幻方就是数学史上著名的“丢勒幻方”，最下一行中间两格标着1514，是丢勒母亲去世的年份。

这个忧郁的女子是谁？所有的一切，寓意何在？在流传于世的研究材料中，没有留下画家只言片语的解释。

在数学家眼中，画面中的丢勒幻方和那些复杂的多面体、球体，代表着神秘的数学世界。画家从《忧郁症》中看到了“铜版画对透视技法完美的表达”。

丢勒的《忧郁症》

在丢勒流传于世的数以百计的素描中，透视、结构、比例成为他作画的依据，那些栩栩如生的兔子、马、树、花……形态之逼真、精确，可与实物相媲美。

丢勒还著有《筑城原理》，书中不仅有“要塞大炮”设计图，还有一个 20 万人的“城区规划图”。在 1538 年出版的《画家手稿》中，丢勒创造了许多德文的数学术语，如称椭圆为 Eierlinie（蛋形线），称双曲线为 Gabellinie（叉形线）等，并沿用至今。丢勒还设计了几种作图仪器，有用于画螺线和摆线的齿轮仪器，也有用于画椭圆和圆的圆规。

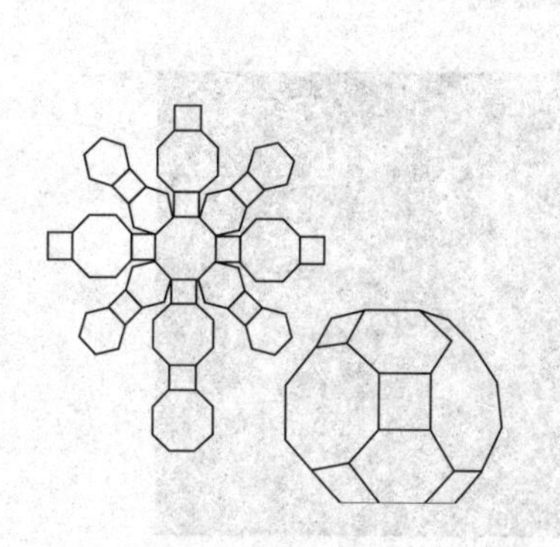

多面体的平面展开

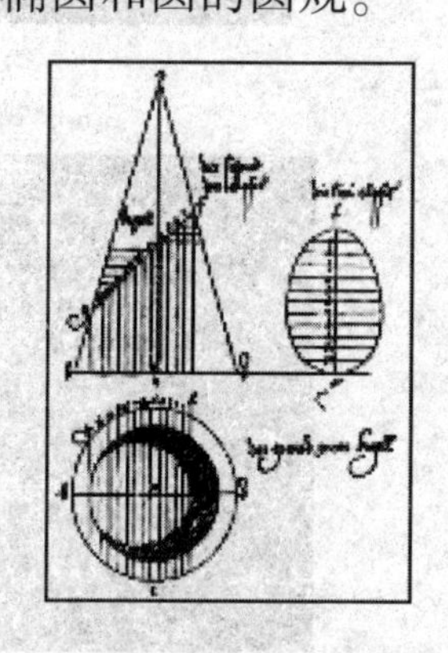

丢勒所作的圆锥曲线

丢勒所作的《圆锥曲线》表明他对圆锥曲线的解释。他的椭圆略带蛋形，这意味着或者他相信截割圆锥的平面的倾角使椭圆在上端稍狭，或者他在计算时稍有错误。

黄金分割在美术中的运用

情境导入

先让我们欣赏两幅名画，一幅是19世纪法国画家米勒的《拾穗者》，一幅是意大利文艺复兴时期画家波提切利的名画《维纳斯的诞生》。

《拾穗者》

《维纳斯的诞生》

在《拾穗者》中，米勒采用横向构图描绘了三个正在弯着腰，低着头，在收割过的麦田里拾剩落的麦穗的妇女形象，她们穿着粗布衣裙和沉重的旧鞋子，在她们身后是一望无际的麦田、天空和隐约可见的劳动场面。罗曼·罗兰曾评论说：“米勒画中的三位农妇是法国的三女神。”

波提切利的代表作《维纳斯的诞生》则表现了女神维纳斯从爱琴海中浮水而出，风神、花神迎送于左右的情景。此画中的维纳斯形象，虽然仿效希腊古典雕像，但风格全属创新，强调了秀美与清纯，同时也具有含蓄之美。

可能很多人都是从艺术鉴赏的角度来欣赏这两幅举世闻名的画作，其实，这两幅画作的画面能够这样美，不但因为作者有高超的绘画技巧和坚实的生活基础，而且因为画中隐藏着黄金比。

数学原理

在美学与建筑上，长宽之比约为 1.618 的矩形被认为是最和谐、最漂亮的一种造型。

那么什么是黄金矩形呢？如右图的矩形分割，如果满足 $x:y=(x+y):x$ 的条件，那么，这个矩形就叫做黄金矩形。如果设 $x=1$，解上述的比例式，可得 $y=1.618$，此即黄金比例。黄金比例普遍存在于自然界中，以人体来说，如果下半身长度（脚底到肚脐）占身高的 $\frac{1}{1.618}=0.618$，则是最完美的身材。

如果用 E 来分割直线段 AB，使较长线段 AE 与较短线段 BE 之比和整个线段 AB 与 AE 之比相等，就得到一个黄金比。现代数学家们用 $f:1$ 来表示 $AE:BE$，可算出的值为 1.618。传统上表示黄金分割的三个几何图形是：直线段的黄金分割、矩形的黄金分割和正五边形的黄金分割。

古希腊的巴特农神殿和文艺复兴时代巨匠达·芬奇自画像都曾出现这种造型。

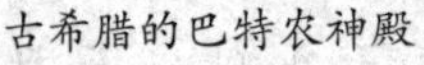

古希腊的巴特农神殿　　达·芬奇自画像

现在我们再来看米勒的《拾穗者》，画中标出的每二段相除都是 1.618，我们看起来之所以觉得赏心悦目，因为符合 1.618 的图形是最美的。

《拾穗者》中的黄金分割比

而波提切利的《维纳斯的诞生》在构图上也使用了黄金分割率，维纳斯站于整幅画的左右黄金分割线的右边一侧。据后人分析研究，在整幅作品中，至少有 7 个黄金分割。

延伸阅读

17 世纪德国著名的天文学家开普勒曾经这样说过：“几何学

里有两件宝，一是勾股定理，另一个是黄金分割。如果把勾股定理比作黄金矿的话，那么可以把黄金分割比作钻石矿。”

人们发觉自然界许多形体呈现的形态，如树枝的叉点、四肢动物的前肢位置和整体的比例、人上身和下身的比例等等，都呈现一个特别美丽的形式。中世纪著名画家达·芬奇特别留意绘画中的透视原理和线段间的比例关系，最早提出“黄金分割”这一名称。自此，这个代表完美的比律，就广泛地被应用在宗教建筑和绘画中。

这种比例也被严格地应用于艺术创作中，尤其是文艺复兴时期的古典画作中。如达·芬奇的《维特鲁威人》、《蒙娜丽莎》，拉斐尔的《大公爵的圣母像》等。

《蒙娜丽莎》

《大公爵的圣母像》

达·芬奇的素描《维特鲁威人》甚至出现在意大利发行的一欧元硬币上，表明该作品受人喜爱的程度并未消减。对于这幅画，达·芬奇自己阐述：建筑师维特鲁威斯在他的建筑论文中声言，他测量人体的方法如下：4 指为一掌，4 掌为一脚，6 掌为一腕尺，4 腕尺为一人的身高。4 腕尺又为一跨步，24 掌为人体总长。两臂侧伸的长度，与身高等同。从发际到下巴的距离，为身高的

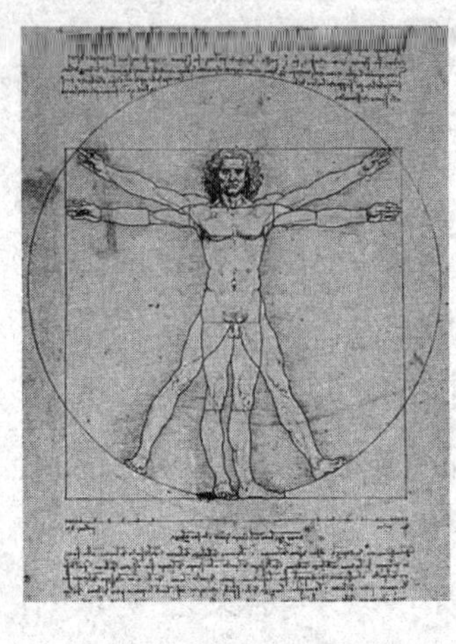
维特鲁威人

$\frac{1}{10}$。自下巴至脑顶，为身高的$\frac{1}{8}$。胸上到发际，为身高的$\frac{1}{7}$。乳头到脑顶，为身高的$\frac{1}{4}$。肩宽的最大跨度，是身高的$\frac{1}{4}$。臂肘到指根是身高的$\frac{1}{5}$，到腋窝夹角是身高的$\frac{1}{8}$。手的全长为身高的$\frac{1}{10}$。下巴到鼻尖、发际到眉线的距离均与耳长相同，都是脸长的$\frac{1}{3}$。

《维特鲁威人》也是达·芬奇以比例最精准的男性为蓝本，这种“完美比例”也即是数学上所谓的“黄金分割”。

虽然黄金分割被较多应用于西方的油画作品中，但其实这一思想在中国古代绘画中也有所体现，比如中国古代画论中所说“丈山尺树，寸马分人”，讲了山水画中山、树、马、人的大致比例，其实也是根据黄金分割而来。古琴的设计“以琴长全体三分损一，又三分益一，而转相增减”，全弦共有十三徽。把这些排列到一起，二池、三组、五弦、八音、十三徽，正是具有 1.618 之美的斐波那契数列。

拱——曲线数学

情境导入

在河北省石家庄市东南约 40 千米的赵县城南 2.5 千米处，坐落着一座闻名中外的石桥——赵州桥。它横跨洨水南北两岸，建于隋朝大业元年至十一年（605—616），由匠师李春监造。因桥体全部用石料建成，俗称“大石桥”。

赵州桥远景

赵州桥结构新奇，造型美观，全长 50.82 米，宽 9.6 米，跨度为 37.37 米，是一座由 28 道独立拱圈组成的单孔弧形大桥。在大桥洞顶左右两边的拱肩里，各砌有两个圆形小拱。虽然赵州桥距今已有 1300 多年的历史，但仍屹立不倒。这和其设计采用具有美丽数学曲线的拱是分不开的。

数学原理

早在 1300 多年前，我国劳动人民就想到了把赵州桥筑成拱桥，这是中国劳动人民的智慧和才干的充分体现。

赵州桥近景

首先，采用圆弧拱形式，改变了我国大石桥多为半圆形拱的传统。我国古代石桥拱形大多为半圆形，这种形式比较优美、完整，但也存在两方面的缺陷：一是交通不便，半圆形桥拱用于跨度比较小的桥梁比较合适，而大跨度的桥梁选用半圆形拱，就会使拱顶很高，造成桥高坡陡、车马行人过桥非常不便；二是施工不利，半圆形拱石砌石用的脚手架就会很高，增加施工的危险性。为此，赵州桥的设计者李春和工匠们一起创造性地采用了圆弧拱形式，使石拱高度大大降低。赵州桥的主孔净跨度为37.02米，而拱高只有7.25米，拱高和跨度之比为1∶5左右，这样就实现了低桥面和大跨度的双重目的，桥面过渡平稳，车辆行人非常方便，还具有用料省、施工方便等优点。

其次，采用敞肩。这是李春对拱肩进行的重大改进，把以往桥梁建筑中采用的实肩拱改为敞肩拱，即在大拱两端各设两个小拱，靠近大拱脚的小拱净跨为3.8米，另一拱的净跨为2.8米。这种大拱加小拱的敞肩拱具有优异的技术性能，首先可以增加泄洪能力，减轻洪水季节由于水量增加而产生的洪水对桥的冲击力。每逢汛期，水势较大，对桥的泄洪能力是个考验，4个小拱就可以分担部分洪流，据计算4个小拱可增加过水面积16%左右，大大降低洪水对大桥的影响，提高大桥的安全性。其次，敞肩拱比实肩拱可节省大量土石材料，减轻桥身的自重，据计算4个小拱可以节省石料26立方米，减轻自身重量700吨，从而减少桥身对桥台和桥基的垂直压力和水平推力，增加桥梁的稳固。第三，造型更加优美，4个小拱均衡对称，大拱与小拱构成一幅完整的图画，显得更加轻巧秀丽，体现建筑和艺术的完整统一。第四，符合结构力学理论，敞肩拱式结构在承载时使桥梁处于有利的状况，可减少主拱圈的变形，提高了桥梁的承载力和稳定性。

最后还采用了单孔。我国古代的传统建筑方法，一般比较长的桥梁往往采用多孔形式，这样每孔的跨度小、坡度平缓，便于

李春雕像

修建。但是多孔桥也有缺点，如桥墩多，既不利于舟船航行，也妨碍洪水宣泄；桥墩长期受水流冲击、侵蚀，天长日久容易塌毁。因此，李春在设计大桥的时候，采取了单孔长跨的形式，河心不立桥墩，使石拱跨径长达 37 米之多。这是我国桥梁史上的空前创举。

延伸阅读

拱为常见建筑结构之一，形态定义为中央上半成圆弧曲线。拱早期经常运用于跨进大的桥梁或门首。多年以来，拱曾经有过许多数学曲线的形状（例如圆、椭圆、抛物线、悬链线），从而形成半圆形拱、内外四心桃尖拱、抛物线拱、椭圆拱、尖顶或等边拱、弓形拱、对角斜拱、上心拱、横拱、马蹄形拱、三叶形拱、凯旋门拱、减压拱、三角形拱、半拱、横隔拱、实拱或伪拱等。

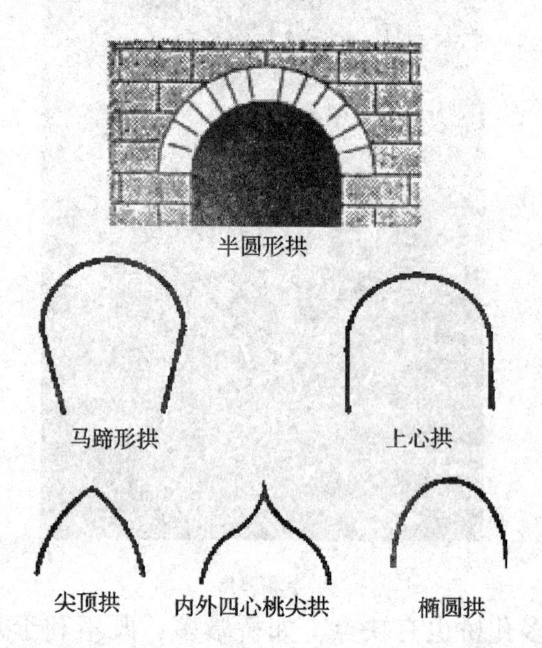

半圆形拱

实质上，拱是建筑上跨越空间的方法。拱的性质使应力可以比较均匀地通体分布，从而避免集中在中央。楔形拱石构成拱的曲线。中央是拱顶石。所有的石头构成一个由重力触发的锁定机构。重力的拉力使拱侧向外展开（推力）。反抗推力的是墙或扶壁的力。

在发明和利用拱之前，建筑结构依靠的是柱和梁，像在希腊建筑中所发现的，或者是阶石，像在埃及金字塔中所看到的。罗马建筑师们最先广泛应用并发展半圆形拱。除了拱以外，他们还发现并利用混凝土和砖，于是掀起了新的建筑革命。用了拱、拱顶和圆顶，罗马人就能够取消横梁和内柱。拱使他们可以把结构的重量重新安置在较少而且较结实的支撑物上。结果内部空间就宽敞了。在拱发明之前，结构必须在里面和外面都横跨在柱上，柱间距离必须仔细计算，以防横梁在过大的应力下折断。

罗马拱以圆形为基础。好几个世纪以前，建筑师们就开始不用圆，起先是用椭圆（或卵形）拱，后来用尖顶拱。这样一来，结构变高了，使光照更好，空间更大。拱的形状决定着结构的哪些部分承受重量。半圆形罗马拱跨距上的载重由墙承担，而哥特式尖顶拱的载重则经过拱传到建筑物扶壁的外部，使它可以用较高的顶篷。

超级大穹顶

凯旋门

即使在现在，拱并未过时。和所有建筑思想一样，它的概念和用途还在发展中。随着新型建筑材料的发明和利用，建筑师可以把许多数学曲线和形状结合起来，用在他们的创造中。

建筑物中的对称

情境导入

先让我们欣赏两幅图片，相信大家对图片中的建筑不会陌生。

泰姬陵

天坛

这两座举世闻名的建筑虽然来自不同的国家，设计风格也迥然不同，但是细心的读者会发现，它们都有一个共同的特点——对称。为什么建筑师们对对称青睐有加呢？在建筑中使用对称设计，除了美观之外还有什么好处吗？

数学原理

其实，只要留心就会发现，我们在数学当中学习过的对称无论在科学还是艺术中都扮演了极为重要的角色。

在建筑中最容易找到对称性的例子，其中也不乏具有相当艺术价值的经典建筑，如印度的泰姬陵、德国的科隆大教堂和中国的天坛。因为从功能的角度来看，对称性的建筑通常具有较高的稳定性，在建造的时候也更容易实现。左右对称的建筑，在视觉上就给人以稳定的印象。

泰姬陵通体用白色大理石雕刻砌成，在主殿四角，是四根圆柱形的高塔。这四根高塔的特别之处，在于都是向外倾斜 12 度。这种布局，使主殿不再是孤单的结构，烘托出了安详、静谧的气氛。

对称性可分为分立对称性和连续对称性。对称操作是有限个的对称，属于分立对称。比如对于镜面对称，只包含保持对象不变和镜面翻转两种操作。这两种操作的任意组合后的结果仍然是这两种操作中的某一个。泰姬陵就是典型的分立对称。连续对称性用简单的例子就可以说明。比如说，在纸上画一个圆，对这个圆相对圆心做任意小角度的旋转，这个圆保持不变，这就是连续对称性。北京的天坛就是连续对称的范例。

天坛的建筑体现了中国传统文化中天圆地方的思想。天坛祈年殿的建筑充分体现了“天圆”的和谐构思。此殿有三层圆顶，表示“天有三阶”，采用深蓝色的琉璃瓦与蓝天相配，甚为融洽、美观。祈年殿建在有三层汉白玉石圆栏杆的祈年坛上，殿的基础还有三层不明显的台阶，因此共有九个按同一对称轴线上下排列的同心圆。此建筑还有正方的围墙，代表“地‘方’”。整个建筑具有中华文化特色，给人以无穷遐想。

类似地，建筑的连续对称性除了具有其美学价值的同时，在多数情况下，其广泛应用还是基于连续对称性所带来的实用价值。圆形的结构也具有较高的稳定性，此外，使用同量的材料，圆形的结构具有最大的容量，这就是很多仓库建成圆柱形的原因。

延伸阅读

世界上最大的对称建筑群在北京。1403 年，我国明朝永乐皇帝下令迁都北京，在元朝大都的基础上建立了北京城。1557 年，明朝嘉靖皇帝在城南外加筑外城，形成了今天的“凸”字形平面的北京城，从南端的永定门向北经皇宫、景山到钟鼓楼，直到北城墙结束，形成了一条 7.5 千

故宫

米长的中轴线，这就是北京城的对称轴。它可谓世界上最长的对称轴了。在这条中轴线的东西两侧，对称排列着内外两城最重要的建筑群，东面是天坛，西面是山川坛，以及太庙和社稷坛。进入午门之后，所有的建筑物都采用了更加严格的对称排列形式。其中，只有代表皇权统治中心的前朝三大殿——太和殿、中和殿和保和殿，以及内廷后三宫——乾清宫、交泰殿和坤宁宫，才端端正正地布置在正中央，且每座大殿上的蟠龙宝座，都坐落在中轴线上。

新中国成立后，作为首都的北京城，打破了旧的格局，新扩建的天安门广场，已成为首都政治生活的心脏，而旧日雄居全城之中的紫禁城，则已退居到“后院”的位置。但是，新建的人民英雄纪念碑、毛主席纪念堂，仍然保持在南北向的中轴线上。

马来西亚首都吉隆坡的双子塔是马来西亚首都吉隆坡的标志性城市景观之一，也是目前世界上最高的双子楼。

吉隆坡的双子塔

双塔大厦共88层，高452米，它是两个独立的塔楼并由裙房相连。独立塔楼外形像两个巨大的玉米，故又名双峰大厦。双子塔的设计风格体现了吉隆坡这座城市年轻、中庸、现代化的城市个性，突出了标志性景观设计的独特性理念。

德国科隆大教堂

德国科隆大教堂据说是世界上建造时间最长的建筑。它从1248年开始，以后陆续修建，直至1880年最后建成，历时630多年。该教堂占地8000平方米，建筑物本身占6000多平方米，前有一长方形广场。建筑物全部由磨光石块砌成，正门有两座与门墙相连的双尖塔，塔高161米，像两把锋利的剑直插云霄。双塔内藏有五口大钟，最大的重约24吨。整个教堂还有许多尖塔。这座哥特式建筑，外观十分巍峨，具有神秘的宗教色彩。

建筑物中的几何性

情境导入

下图中的两座建筑一古一今，一座是历史悠久的埃及金字塔，一座是奥运场馆“水立方”。它们的外形带有鲜明的“几何”印记，金字塔无疑是四面体或四棱锥的最纯粹表现，而“水立方”则体现了基本几何体——长方体建筑的设计思想。为什么这两座相差几十年的著名建筑都选择用几何体来表现呢？几何和建筑之间究竟有着怎样的渊源呢？

金字塔

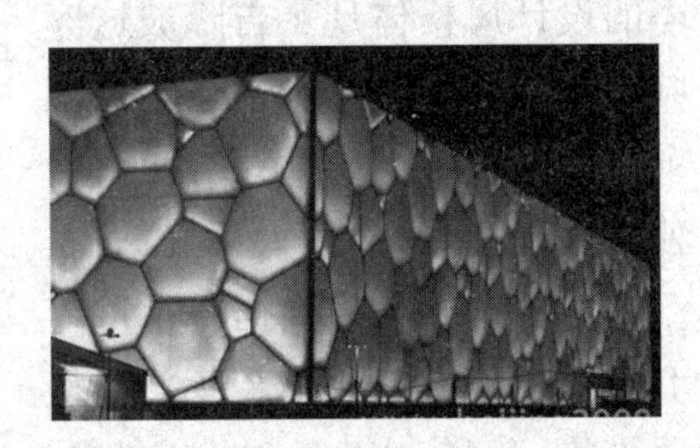

“水立方”

数学原理

众所周知，金字塔是古代埃及人民智慧的结晶，是古代埃及文明的象征。散布在尼罗河下游西岸的金字塔大约有 80 座，它们是古代埃及法老（国王）的陵墓。埃及人称其为“庇里穆斯”，意思是“高”。从四面望去，它们都是上小下大的等腰三角形，很像中文“金”字，所以，人们就形象地叫它“金字塔”。

19 世纪的考古学家们一致认为，金字塔能在如此巨大的尺度下做到精确的正四棱锥，充分显示了古埃及人的几何能力。而其中的大金字塔各部位的尺寸也都含有重大的意义。

例如大金字塔斜面面积，与将高度当作一边的正方形的面积几乎一致。

测量大金字塔的三角面的高度和底边周长的长度之间的比率，就出现了接近圆周率的值。亦即若画一个以高度为半径的圆，则其圆周就等于 4 个底边的长度。

又如，若用底边的$\frac{1}{2}$除大金字塔的斜面长度（斜边距离）的话，就会出现 1.618 的黄金比率分割。自古希腊以来，黄金分割就被视为最美丽的几何学比率，而广泛地用于神殿和雕刻中。但在比古希腊还早 2000 多年所建的大金字塔，它就已被完全采用了。

埃及大金字塔

以上只不过是少数几则例子，因为大金字塔的神秘数字还不仅于此，许多学者就致力于寻找金字塔的几何学特性，相信在不久的将来会有更多令人兴奋的新发现。

日本著名的建筑大师安藤忠雄曾说：“建筑的本质是空间的构建和场所的确立，而并不是简单的形式陈述，人类在其全部发展历史中运用几何性满足了这样的要求，它是与自然相对的理性象征。即几何学是表现建筑和人的意志的印记，而不是自然的产物。”我国著名的奥运游泳中心“水立方”就是这样一座“表现人类意志印记”的建筑。“水立方”最初设想是要体现“水的主题”。外籍设计师最初提供的是一个波浪形状的建筑方案，三名中方设计师以东方人特有的视角和思维提出了基本几何体——长方体建筑的设计思想，在他们看来，东方人更愿意以一种含蓄、平静的方式来表达对水的理解——“水，也可以是方的，不一定都是波浪。”中方设计师的“方盒子”造型得到了外籍设计师的认可，在此基础上，外籍设计师们又创造性地为这个方盒子加入了不规则的钢结构和“水分子”膜结构创意。最终，“水立方”以基本几何体作为基准，在几何体基础上以不规则的钢结构和膜结构加以变异，体现出简单、纯净的风格。

在建筑空间艺术中，有限的空间必然表现为各种不同的几何形式，建筑的构成离不开几何体。所以，有人说几何性是建筑的一种天然属性，任何一个建筑师也不能使他的作品脱离这种属性。建筑师们很早就意识到这一点并开始使用它，例如吉萨尔金字塔是四面体最纯粹的表现，罗马的斗兽场则充分体现了椭圆的魅力，古罗马的水道桥则充分表现了直线的力量，中国的长城则表现出曲线的美感。

罗马斗兽场

水道桥

长城

几何学，严格地说是欧几里得几何学，对建筑学的发展的互动是客观存在的。这种作用主要表现为两种方式：第一种是影响建筑设计过程中对方案的描述，即影响设计媒体，这里最具代表性的就是透视学与阴影构图理论的应用，它们也是对建筑形式产生互动影响的潜在因素；第二种是影响建筑设计成果形式，我们发现，绝大多数的建筑形式都可以划分为基本欧式几何形体的穿插组合，比如棱锥、棱柱、立方体、多面体、网格球顶、三角形、正方形、平行四边形、圆、球、角、抛物线、悬链线、双曲抛物面、弧、椭圆等等。

各种几何形体在建筑设计中都可以被运用，在这方面并无任何限制。仅仅是它们各具有不同的特性。矩形、圆形、三角形等被运用得最多，建筑的内部空间和外部形象体现出来的三维几何体以长方体、圆柱、棱柱等最为常见。至于各种几何体的组合运用，譬如重复、并列、相交、相切、切割、贯穿等等，更是变幻无穷，没有一定之规。

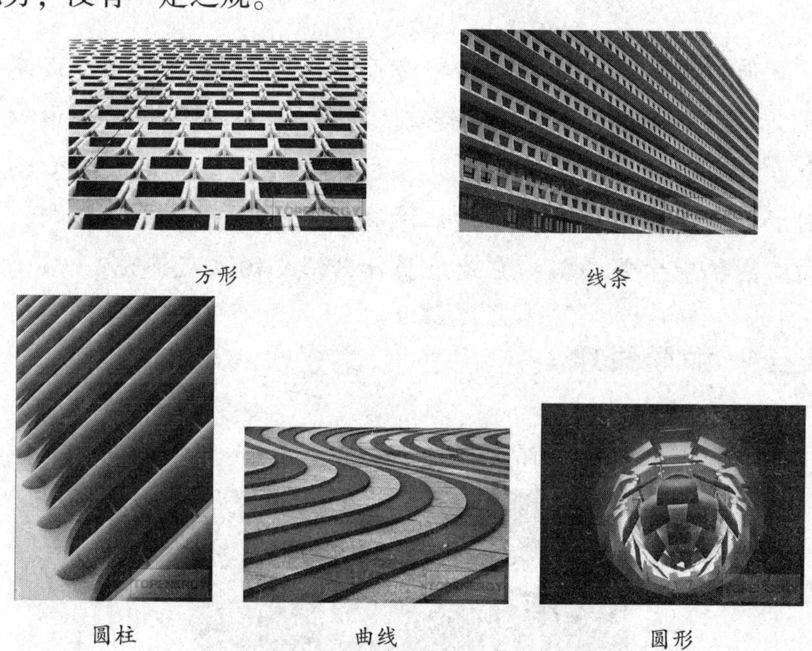

方形　线条

圆柱　曲线　圆形

凯旋门与立交桥

情境导入

在现代化的城市中，为了节约时间、减少交通事故，到处可以见到立交桥。

立交桥

我们常常看到在有纵横两个方向的十字路口，需要建成两层的立交桥。那么，如果三条马路交叉，或者说从马路交叉中心向六个方向有着马路，那应该是几层立交桥呢？假如某个中心向外辐射十条马路，要建多少层的立交桥呢？法国巴黎的凯旋门，就是向四周辐射十条马路，它是采用什么形式的立交桥呢？

数学原理

一般来说，两条马路交叉需要建两层的立交桥，三条马路交

巴黎凯旋门

叉需要三层的立交桥，以此类推，四周辐射十条马路，即五条马路交叉应该建五层的立交桥。但是凯旋门并没有建那种多层的立

交桥，而是采用中心的环行马路沟通十条马路，各条马路来的汽车都要汇集在中心地带的环行马路，按逆时针行车，然后驶向应去的方向。因此，一般多条马路汇集在一起，利用环行马路是比较实际的简单办法。

延伸阅读

几千年来，数学一直是用于设计和建造的一个很宝贵的工具。它一直是建筑设计思想的一种来源，也是建筑师用来得以排除建筑上的试错技术手段。下面我们列出一部分长期以来用在建筑上的数学概念：棱锥、棱柱、黄金矩形、视错觉、立方体、多面体、网格球顶、三角形、毕达哥拉斯定理、正方形、矩形、平行四边形、圆、半圆、球、半球、多边形、角、对称、抛物线、悬链线、双曲抛物面、比例、弧、重心、螺线、螺旋线、椭圆、镶嵌图案、透视等等。

影响一个结构的设计的有它的周围环境、材料的可得性和类型，以及建筑师所能依靠的想象力和智慧、数学能力。

建筑师们利用品种繁多的现有建筑材料——石、木、砖、铁、钢、玻璃、混凝土、合成材料（如塑料）、钢筋混凝土等等，运用数学思想，设计出各种形状的构造，如双曲抛物面、八边形的住宅、网格结构、抛物线飞机吊架等等。建筑是一个进展中的领域，建筑师们在研究、改进、提高、利用过去的思想的同时，也创造新思想。

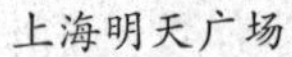

上海明天广场

重庆世界贸易中心

21 世纪将会设计出什么类型的结构和居住空间呢？什么对象能填充空间呢？如果设计特点包括预制、适应性和扩展性，则平面和空间镶嵌的思想将起重要的作用。能镶嵌平面的任何形状像三角形、正方形、六边形和其他多边形可以改造得适用于空间居住单元。另一方面，建筑师可能要考虑填塞空间的立体，最传统的是立方体和直平行六面体。有些模型只可用菱形十二面体或戴头八面体。

自然界中的数学原理

蜂房中的数学

情境导入

众所周知，蜂蜜是由辛勤的小蜜蜂们酿出来的，但你是否注意过蜜蜂产蜜的蜂房呢？若你仔细地观察过蜂房，你便会由衷地发出惊叹："蜂房的结构可真是大自然中的奇迹啊！"从正面看上去，蜂房的蜂窝全是由很多大小一样的六角形组成的，并且排列得十分整齐；而从侧面看，蜂房是由很多六棱柱紧密地排列在一起而构成的；若再认真地观察这些六棱柱的底面，你会更加惊讶，它们已不再是六角形的，不是平的，也不是圆的，却是尖的，是由三个完全相同的菱形构成的。

蜜蜂蜂房

蜂窝这样奇妙的六角形结构早就引起了人们的注意：为何蜜蜂要把它的蜂窝做成六角形的呢？为何不做成三角形或正方形的呢？

数学原理

蜜蜂没有学过镶嵌理论，但是正像自然界中的许多事物一样，昆虫和兽类的建筑常常可用数学方法进行分析。自然界用的是最有效的形式——只需花费最少能量和材料的形式。不正是这一点把自然界和数学联系起来的吗？自然界掌握了求解极大极小问题、线性代数问题和求出含约束问题最优解的艺术。

现在我们就把注意力集中到小小的蜜蜂身上，看看其中蕴藏着哪些数学概念。

巢房是由一个个正六角形的中空柱状房室背对背对称排列组成的。六角形房室之间相互平行，每一间房室的距离都相等。每一个巢房的建筑，都是以中间为基础向两侧水平展开，从其房室底部至开口处有13度的仰角，这是为了避免存蜜的流出。另一侧的房室底部与这一面的底部又相互接合，由三个全等的菱形组成。此外，巢房的每间房室的六面隔墙宽度完全相同，两墙之间所夹成的角度正好是120度，形成一个完美的几何图形。

有人说，开始蜜蜂把蜂窝做成了圆筒形状，因为蜜蜂要做成很多的圆筒，当这么多圆筒互相之间受到了来自前后左右的压力时，圆筒形便变成了六角形。从物理中力学的观点来看，六角形的结构的确比圆筒形的结构稳定。这话好像十分有道理。可是你再仔细观察蜂窝的形状，便会发现蜂窝的六角形都是连成一片的，蜜蜂从一开始便建了六角形的蜂窝，而不是先做成圆筒形的。

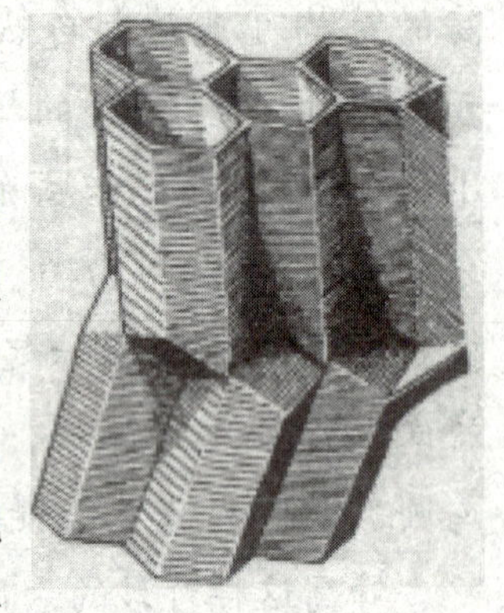

蜂房的正六角形结构

蜂窝的六角形到底有何好处呢？18世纪初期，法国的马拉尔奇量出了蜂窝的六棱柱尖底的菱形的角，发现了又一个很有趣的规律，那便是每个菱形的钝角都为109°28′，但锐角都为70°32′。

难道说这里面还有什么奥秘吗？

聪明的法国物理学家列奥缪拉想到：制造蜂窝的材料全是蜜蜂身上所分泌出来的蜂蜡，蜂蜡不仅耐热，而且很结实。蜜蜂为了能多分泌蜂蜡要吃好多蜂蜜才行，那样一点一滴建造的蜂窝是十分不容易的。是不是由于蜜蜂为了节省它们的蜂蜡，还要保证蜂房的空间够大，才把蜂窝做成了六角形呢？这确实是一个好想法！他请教了巴黎科学院的一位瑞士数学家克尼格，克尼格计算出的结果证明了他的猜测，可是遗憾的是计算出来的角度为 109°26′与 70°34′，和蜂窝的测量值仅差 2′。直至 1743 年，苏格兰一位数学家马克罗林再次重新计算，结果竟和蜂窝的角度完全一致。原来，克尼格所使用的对数表上的资料是印错了的。

其实早在公元 4 世纪古希腊数学家贝波司就提出，蜂窝的优美形状，是自然界最有效最经济的建筑代表。他猜想，人们所见到的、截面呈六边形的蜂窝，是蜜蜂采用最少量的蜂蜡建造成的。他的这一猜想被称为“蜂窝猜想”，直至 1999 年才由美国数学家黑尔证明。

由此看来，蜜蜂不愧是宇宙间最令人敬佩的建筑专家。它们凭着上帝所赐的天赋，采用“经济原理”——用最少材料（蜂蜡），建造最大的空间（蜂房）——来造蜜蜂的家。

受自然蜂巢的启迪，人类通过长期研究和分析自然蜂窝结构的特点，创造性地发明了各种蜂窝复合结构材料及其制品，它们有的用于新材料和新产品的研发，有的用来改善现有产品

的特性，有的用于解决结构设计中面临的难题等等。

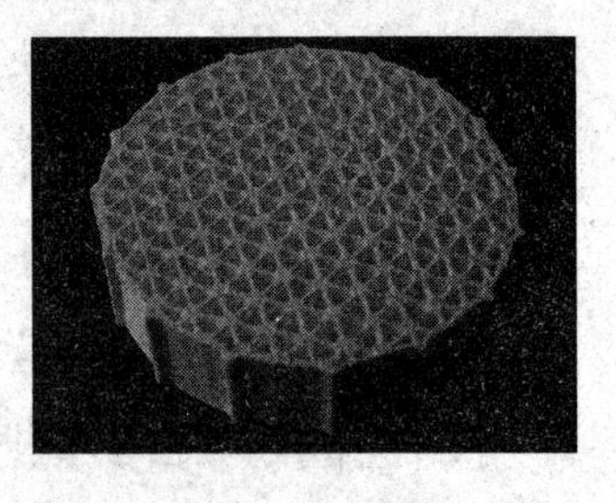
蜂窝材料

在应用材料领域，蜂窝复合材料类似于连续排列的工字钢结构，以其极佳的抗压、抗弯特性和超轻型结构特征而闻名于世。与同类型的实心材料相比，蜂窝材料的强度重量比和刚性重量比在已知材料中均是最高的。蜂窝结构板材具有许多优越的性能，从力学角度分析，封闭的六角等边蜂窝结构相比其他结构，能以最少的材料获得最大的受力，而蜂窝结构板受垂直于板面的载荷时，它的弯曲刚度与同材料、同厚度的实心板相差无几，甚至更高，但其重量却轻70%～90%，而且不易变形、不易开裂和断裂，并具有减震、隔音、隔热和极强的耐候性等优点。

蜂窝的结构还给航天器设计师们带来很大启示，他们在研制时，采用了蜂窝结构：先用金属制造成蜂窝，然后再用两块金属板把它夹起来就成了蜂窝结构。这种蜂窝结构强度很高，重量又很轻，还有益于隔音和隔热。因此，现在的航天飞机、人造卫星、宇宙飞船在内部大量采用蜂窝结构，卫星的外壳也几乎全部是蜂窝结构。因此，这些航天器又统称为“蜂窝式航天器”。美国B－2隐形轰炸机的机体元件，多采用三明治结构，即在两块薄板间，胶合密度甚低的蜂巢层，使机体强度增高、质量减轻。发动机的喷嘴是深置于机翼之内，呈蜂巢状，使雷达波只能进、不能出。

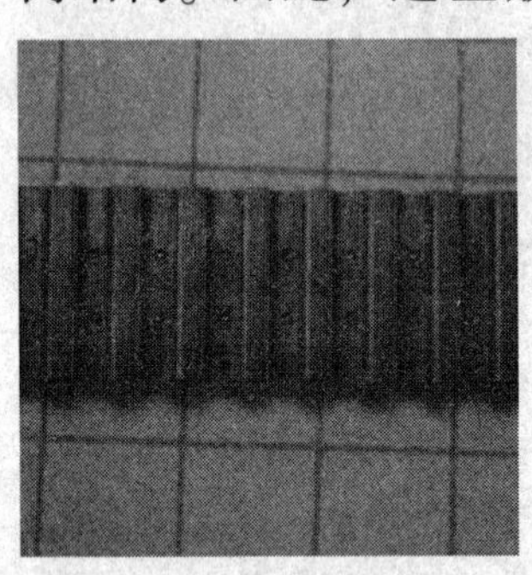
航天蜂窝材料

我们常使用的铅笔中的石墨是由碳原子排成六角形蜂巢状的薄片组成的。如果重新组合这些碳原子，就可以变成钻石。

总之，无论是大至“蜂巢战舰”还是小至“蜂巢式行动电话”，其灵感无不来自于蜂巢结构。没想到这神奇的蜂窝竟凝聚了大自然里无穷的智能！

六边形与自然界

情境导入

在自然界中，除了常见的蜂窝、龟壳外，我们在许多事物中都能发现六边形的身影，比如雪花、皲裂的土地、坚硬的岩石等等。那么六边形究竟有什么特点使得自然界对它如此青睐？

干旱的土地

雪花

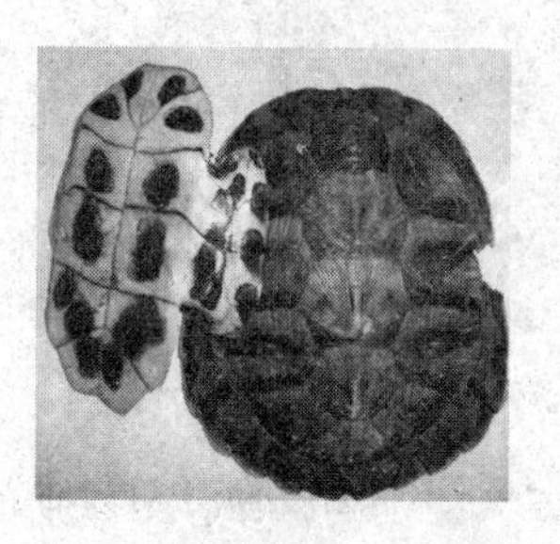

龟壳

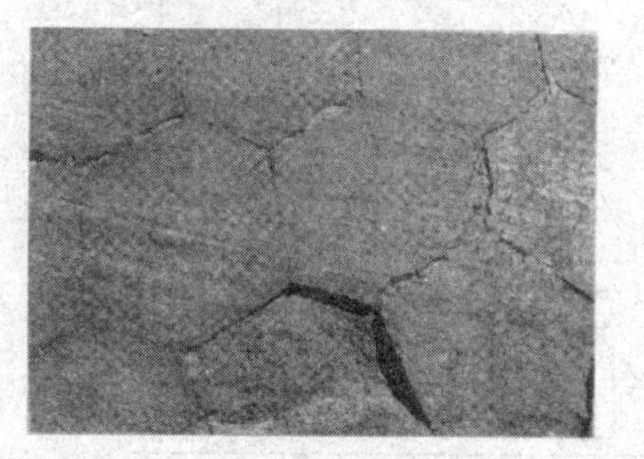

岩石

数学原理

科学家研究发现，自然对象的形成和生长受到周围空间和材料的影响。我们知道，正六边形是能够不重叠地铺满一个平面的三种正多边形之一。

在这三种正多边形（正六边形、正方形和正三角形）中，正六边形以最小量的材料占有最大面积（如图 1 所示）。正六边形的另一特点是它有 6 条对称轴（如图 2 所示），因此它可以经过各式各样的旋转而不改变形状。

能用最小表面积包围最大容积的球也与六边形相联系。当一些球互相挨着被放入一个箱子中时（如图 3 所示），每一个被围的球与另外 6 个球相切。当我们在这些球之间画出一些经过切点的线段时，外切于球的图形是一个正六边形。把这些球想象为肥皂泡，就可以对一群肥皂泡聚拢时为什么以三重联结的形式相接，作出一个简单的解释。

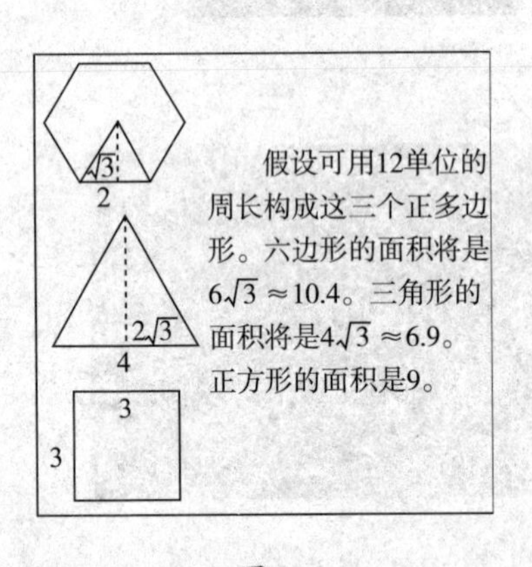

图 1

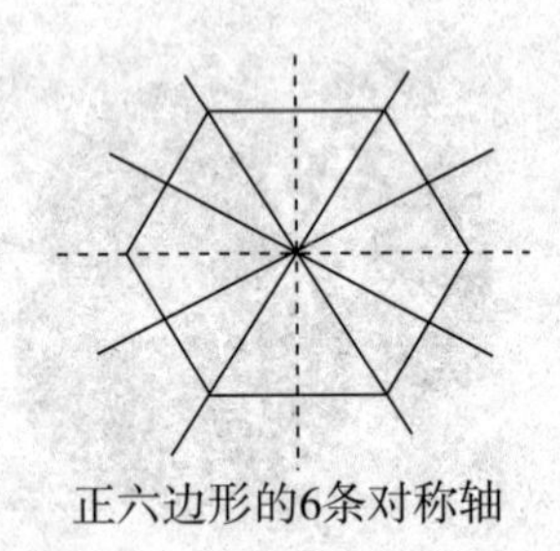

正六边形的6条对称轴

图 2

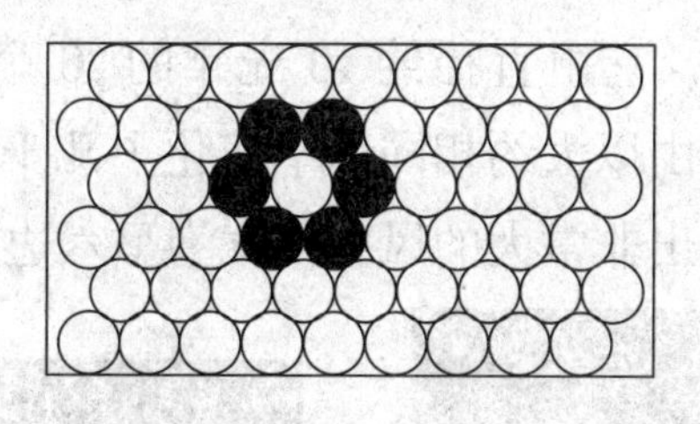

图 3

那什么是三重联结呢？三重联结是三条线段的交会点，交点处的三个角都是 120 度，而 120 度正是一个正六边形的内角大小。

许多自然事件是由于边界或空间利用率所引起的一些限制而产生的。三重联结是某些自然事件所趋向的一个平衡点。除了别的场合以外，三重联结常见于肥皂泡群、玉米棒子上谷粒的构成、香蕉的内部果肉、地面或石块的裂缝等等。

玉米棒子

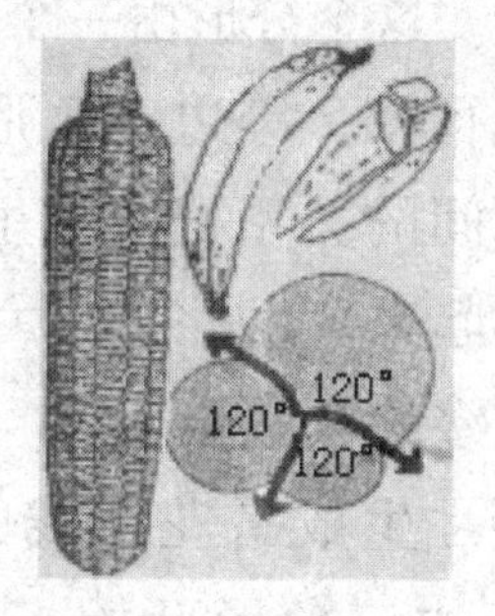

玉米粒的三重联结

延伸阅读

六边形不仅在自然界中广泛存在，如今，科学家们还在外层空间发现了六边形的存在。1987 年以来，天文学家们一直集中注意于大麦哲伦云，超新星 1987A 就是在其中观察到的。在新星爆发之后看到气泡已经不是第一次了，但是发现气泡以蜂窝状聚集在一起则是第一次。英国曼彻斯特大学的王立帆发现了巨大到约 30 光年 ×

90 光年的“蜂窝”，它由直径约 10 光年的 20 个左右的气泡组成。王立帆推测，一个由以大约相同速率演化了几千年的大小相似的星组成的星团，产生出非常大的风，使气泡呈六边形结构。

大麦哲伦云

超新星 1987

科学家通过观察自然界的雪花，还揭示了六边形对称和分形几何。雪花具有六边形的形状。此外，雪花的生长由科克雪花曲线来模拟。这个分形由一个等边三角形生成，如下图所示。

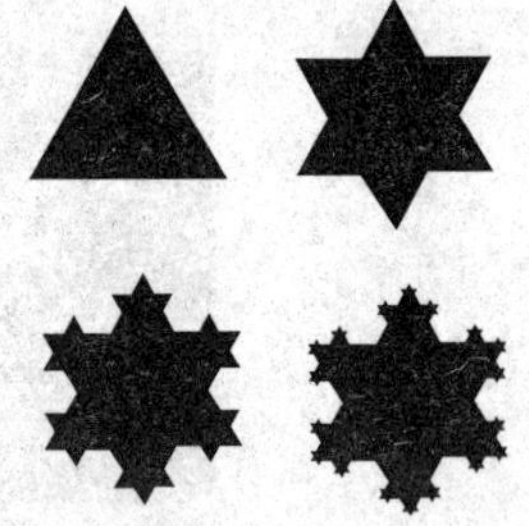

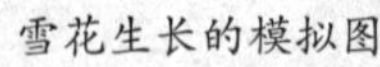

雪花生长的模拟图

由此可知，等边三角形、正六边形和分形雪花之间的关系把欧几里得几何与非欧几何联系了起来。由此可见六边形与自然界有着千丝万缕的联系。

这些是生成雪花曲线的最初 4 个阶段。从一个等边三角形开始，将每一边三等分。除去中间的$\frac{1}{3}$，从这里伸出两边同为那$\frac{1}{3}$边长的一个尖角。

鸟群的混沌运动

情境导入

我们常常在《动物世界》或者《人与自然》节目中看到一群

飞鸟在天空中飞翔，从一个地方转向另一个地方，然后在温暖的海域大片俯冲下来觅食，景象十分壮观。也许你不禁会问：当它们在空中飞行或者从空中猛扑下来时，怎么不会相互碰撞？难道这也与数学有关联吗？

鸟群

数学原理

动物学家赫普纳对鸟群的运动方式进行了艰苦的摄影和研究后，作出结论：这些鸟并没有领导者在引路。它们在动态平衡的状态中飞行，鸟群前缘中的鸟以简短的间隔不断地更替着。

在接触混沌理论和计算机之前，赫普纳无法解释鸟群的运动。利用混沌理论的概念，他设计出一种模拟鸟群的可能运动的计算机程序。他确定了以鸟类行为为基础的 4 条简单规则：①鸟类或被吸引到一个焦点，或栖息；②鸟类互相吸引；③鸟类希望维持定速；④飞行路线因阵风等随机事件而变更。他还用三角形代表鸟，变动每条规则的强度，可使三角形群以人们熟悉的方式在计算机监视器上飞过。赫普纳并不认为他的程序一定说明了鸟群的飞行形式，但是它的确对鸟群运动的方式和原因提出了一种可能的解释。

“混沌”一词原指宇宙形成之前的混乱状态，我国及古希腊哲学家对于宇宙之源起均持混沌论，主张宇宙是由混沌之初逐渐形成现今有条不紊的世界。在井然有序的宇宙中，西方自然科学家经过长期的探讨，逐一发现众多自然界中的规律，如大家耳熟能详的地心引力、杠杆原理、相对论等。这些自然规律都能用单一的数学公式加以描述，并可以依据此公式准确预测物体的行径。

近半个世纪以来，科学家发现许多自然现象即使可化为单纯的数学公式，其行径也无法加以预测。20 世纪 60 年代，美国数学家 Stephen Smale 发现，某些物体的行径经过某种规则性的变化之后，随后的发展并无一定的轨迹可循，呈现失序的混沌状态。由此掀起了一场新的科学革命——混沌理论。混沌理论认为在混沌系统中，初始条件的十分微小的变化经过不断放大，对其未来状态会造成极其巨大的影响。

我们熟知的“蝴蝶效应”便是典型的混沌现象。

据说，美国麻省理工学院气象学家爱德华·罗伦兹为了预报天气，他用计算机求解仿真地球大气的 13 个方程式。为了更细致地考察结果，他把一个中间解取出，提高精度再送回。而当他喝了杯咖啡以后再回来看时竟大吃一惊：本来很小的差异，结果却偏离了十万八千里！

混沌理论之父
爱德华·罗伦兹

计算机没有毛病，于是，罗伦兹认定，他发现了新的现象——“对初始值的极端不稳定性”，即“蝴蝶效应”，亚洲蝴蝶拍拍翅膀，将使美洲几个月后出现比狂风还厉害的龙卷风。1979 年 12 月，罗伦兹在华盛顿的美国科学促进会的一次讲演中提出：一只蝴蝶在巴西扇动翅膀，有可能会在美国的得克萨斯引起一场龙卷风。他的演讲和结论给人们留下了极其深刻的印象。从此以后，所谓“蝴蝶效应”之说就不胫而走、声名远扬了。

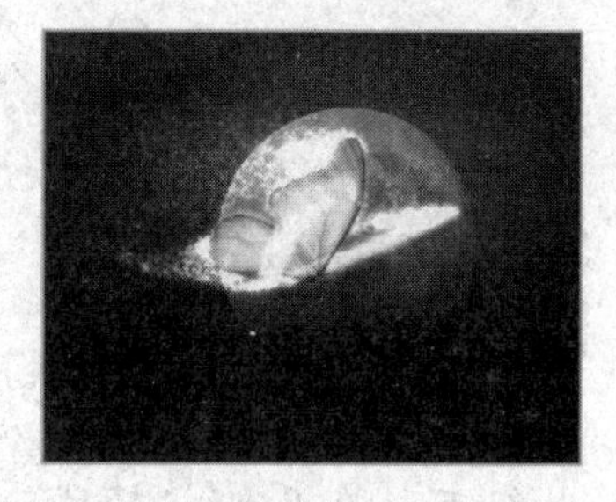

蝴蝶效应

我们还可以用在西方流传的一首民谣对此作形象的说明。这首民谣说：

丢失一个钉子，坏了一只蹄铁；
坏了一只蹄铁，折了一匹战马；
折了一匹战马，伤了一位骑士；
伤了一位骑士，输了一场战斗；
输了一场战斗，亡了一个帝国。

马蹄铁上一个钉子是否会丢失，本是初始条件的十分微小的变化，但其“长期”效应却是一个帝国存与亡的根本差别。这就是军事和政治领域中的所谓“蝴蝶效应”。

“蝴蝶效应”通常用于天气、股票市场等在一定时段难以预测的比较复杂的系统中。“蝴蝶效应”在社会学界用来说明：一个坏的微小的机制，如果不及时地加以引导、调节，会给社会带来非常大的危害，戏称为“龙卷风”或“风暴”；一个好的微小的机制，只要正确指引，经过一段时间的努力，将会产生轰动效应，或称为“革命”。

分形——自然界的几何

情境导入

欧几里得的《几何原本》自公元前3世纪诞生以来直到18世纪末，在几何学领域一直是一统天下，被人们奉为圭臬与经典，但它研究的仅仅是用圆规与直尺画出的直线、圆、正方体等规则的几何形体。这类形体是光滑的，具有特征长度的，在自然界确实也有非常多的欧几里得几何对象的例子。然而在我们生存的空间，还大量存在着另一类不规则的结构与现象：云彩不是球体，山脉不是圆锥，海岸也不是折线……这些不规则图形是不能用传统的欧氏几何来准确描述的。那么对于这些看似无规律的图形和现象，我们用什么数学工具来进行描述呢？

海岸线

数学原理

科学家经过研究发现，用几何分形可以描述蕨类植物或者雪花等对象，而随机分形则可由计算机生成，用来描述熔岩流和山脉。有了分形，我们的几何学就能描述不断变化的宇宙了。那什么是分形呢？

分形（fractal）是曼德尔布罗特由拉丁语形容词“fractus”创造出来的一个新词，至今尚无一个科学的定义。一般来说，分形是具有如下性质的集合：

1. 具有精细结构，即在任意小的比例尺度内包含着整体。

2. 不规则，不能用传统的几何语言来描述。

3. 通常具有某种自相似性，或许是近似的，或许是统计意义上的。

4. 在某种方式下定义的“分维数”通常大于其拓扑维数。

5. 定义常常是非常简单的，或许是递归的。

我们注意到，不论是自然界中的个体分形形态，还是数学方法产生的分形图案，都有无穷嵌套、细分再细分的自相似的几何结构。换言之，谈到分形，我们事实上是开始了一个动态过程。从这个意义上说，分形反映了结构的进化和生长过程。它刻画的不仅仅是静止不变的形态，更重要的是进化的动力学机制。生长中的植物，不断生长出新枝、新根。同样，山脉的几何学形状是以往造山运动、侵蚀等过程自然形成的，现在和今后还会不断变化。

延伸阅读

自然界中迷人的分形

石笋和钟乳石

海胆和海星

河流和峡湾

树和树叶　山脉

水晶　云　孔雀

野胡萝卜　蕨　闪电

雪花　海螺

植物王国的“数学家”

情境导入

伽利略说：“大自然这本书是用数学语言来书写的。”当你去郊外郊游，或者去植物园参观时，你有没有观察过向日葵种子的排列方式？雏菊的花朵排列有什么规律可循吗？还有我们熟知的仙人掌，常吃的菠萝、菜花，它们为什么是那样的形状，你想过吗？

向日葵

雏菊

数学原理

植物界中充满着数学概念的实例。科学家为了力求阐释和理解事物是如何形成的，就去寻找能被测量和分类的模式和相似性质。这是数学之所以被用来解释自然现象的原因。

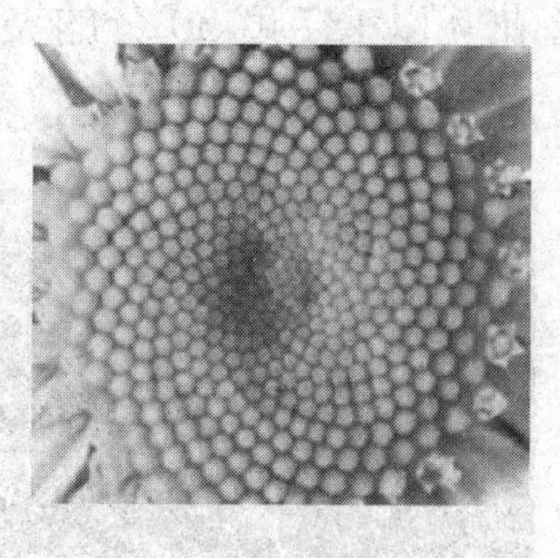

向日葵花盘

面对着异彩纷呈的自然界，我们中的大多数人并未注意到要用大量的计算和数学工作去解释某些对自然界来说是很平常的事物。其实在自然界，植物的生长常常呈现出某种数学规律。

经科学家研究发现，向日葵种子的排列方式就是一种典型的数学模式。

仔细观察向日葵花盘，你就会发现两组螺旋线，一组按顺时针方向盘旋，另一组则按逆时针方向盘旋，并且彼此相嵌。虽然在不同的向日葵品种中，种子顺、逆时针方向和螺旋线的数量有所不同，但都不会超出 34 和 55、55 和 89、89 和 144 这三组数字。

植物学家发现，在自然界中，这两种螺旋结构只会以某些“神奇”的组合同时出现。比如，21 个顺时针，34 个逆时针，或 34 个顺时针，55 个逆时针。有趣的是，这些数字属于一个特定的数列——斐波那契数列，即 1、2、3、5、8、13、21、34 等，每个数都是前面两数之和。不仅是葵花子粒子的排列，雏菊、梨树抽出的新枝，以及松果、蔷薇花、蓟叶等都遵循着这一自然法则。

如果你仔细地观察一下雏菊，你会发现雏菊小菊花花盘的蜗形排列中，也有类似的数学模式，只不过数字略小一些，向右转的有 21 条，向左转的有 34 条。雏菊花冠排列的螺旋花序中，小花互以 137 度 30 分的夹角排列，这个精巧的角度可以确保雏菊茎秆上每一枚花瓣都能接受最大量的阳光照射。

仙人掌

在仙人掌的结构中也有斐波那契数列的特征。研究人员分析了仙人掌的形状、叶片厚度和一系列控制仙人掌情况的各种因素，发现仙人掌的斐波那契数列结构特征能让仙人掌最大限度地减少能量消耗，适应干旱的生长环境。

除此之外，研究人员还发现：

菠萝果实上的菱形鳞片，一行行排列起来，8 行向左倾斜，13 行向右倾斜。

挪威云杉的球果在一个方向上有 3 行鳞片，在另一个方向上有 5 行鳞片。

常见的落叶松是一种针叶树，其松果上的鳞片在两个方向上各排成 5 行和 8 行。

美国松的松果鳞片则在两个方向上各排成 3 行和 5 行。

……

斐波那契数列在自然界有着非常广泛的应用。科学家发现，一些植物不仅是花瓣、叶片，甚至是萼片、果实的数目以及排列的方式都非常符合斐波那契数列。例如，蓟的头部有两条不同方向的螺旋，顺时针旋转的（和左边那条旋转方向相同）螺旋一共有 13 条，而逆时针旋转的则有 21 条。此外还有菊花、松果、菠萝等都是按这种方式生长的。

蓟

松果

菠萝的表面，与松果的排列略有不同。菠萝的每个鳞片都是三组不同方向螺旋线的一部分。大多数的菠萝表面分别有 5 条、8 条和 13 条螺线，这些螺线也称斜列线。菠萝果实上的菱形鳞片，一行行排列起来，8 行向左倾斜，13 行向右倾斜。

菠萝

挪威云杉的球果在一个方向上有 3 行鳞片，在另一个方向上有 5 行鳞片。常见的落叶松是一种针叶树，其松果上的鳞片在两个方向上各排成 5 行和 8 行，美国松的松果鳞片则在两个方向上各排成 3 行和 5 行。

植物从花到叶再到种子都可以显现出对这些数字的偏好。松柏等球果类植物的种球生长非常缓慢，在此类植物的果实上也常常可以见到螺旋形的排列。

如果是遗传决定了花朵的花瓣数和松果的鳞片数，那么为什么斐波那契数列会与此如此的巧合？

这也是植物在大自然中长期适应和进化的结果。因为植物所显示的数学特征是植物生长在动态过程中必然会产生的结果，它受到数学规律的严格约束，换句话说，植物离不开斐波那契数列，就像盐的晶体必然具有立方体的形状一样。由于该数列中的数值越靠后越大，因此 2 个相邻的数字之商将越来越接近 0.618034 这个值。例如$\frac{34}{55}=0.6182$，已经与之接近，而这个比值的准确极限是“黄金数”。

数学中，还有一个称为黄金角的数值是 137.5 度，这是圆的黄金分割的张角，更精确的值应该是 137.50776 度。与黄金数一样，黄金角同样受到植物的青睐。

1979 年，英国科学家沃格尔用大小相同的许多圆点代表向日葵花盘中的种子，根据斐波那契数列的规则，尽可能紧密地将这些圆点挤压在一起。他用计算机模拟向日葵的结果显示，若发散角小于 137.5 度，那么花盘上就会出现间隙，且只能看到一组螺旋线；若发散角大于 137.5 度，花盘上也会出现间隙，而此时又会看到另一组螺旋线；只有当发散角等于黄金角时，花盘上才呈现彼此紧密镶合的两组螺旋线。

所以，向日葵等植物在生长过程中，只有选择这种数学模式，花盘上种子的分布才最为有效，花盘也变得最坚固壮实，产生后代的几率也最高。原因很简单：这样的布局能使植物的生长疏密得当、最充分地利用阳光和空气，所以很多植物都在亿万年的进化过程中演变成了如今的模样。当然受气候或病虫害的影响，真实的植物往往没有完美的斐波那契螺旋。例如带小花的大向日葵的管状小花排列成两组交错的斐波那契螺旋，并且顺时针和逆时针螺旋的条数恰是斐波那契数列中相邻的两项，其中顺时针的螺旋有 34 条，逆时针的螺旋有 55 条。蒲公英和松塔也是以斐波那契螺旋排列种子或鳞片的。可见，植物之所以偏爱斐波纳契数，乃是在适者生存的自然选择作用下进化的结果。

蒲公英

松果

蜘蛛的几何学

情境导入

先来看一则谜语："小小诸葛亮，稳坐军中帐。摆下八卦阵，只等飞来将。"猜一种常见的小动物。

蜘蛛网

其实，只需动一动脑筋，就能猜出谜底是蜘蛛，因为后两句讲的正是蜘蛛结网捕虫的生动情形。

那么，你观察过蜘蛛网吗？它是用什么工具编织出这么精致的网呢?

数学原理

如果你仔细观察蜘蛛网，就会发现它的网并不是杂乱无章的，那些辐线排得很均匀，每对相邻的辐线所交成的角都是相等的。虽然辐线的数目对不同的蜘蛛而言是各不相同的，可这个规律适用于各种蜘蛛。

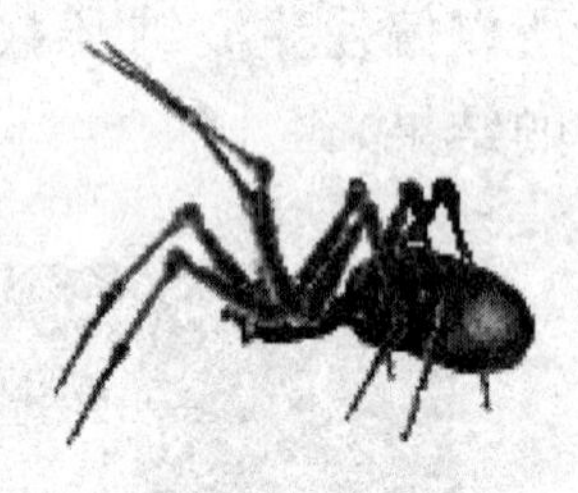

蜘蛛

先来看蜘蛛是怎样织网的。首先，它用腿从吐丝器中抽出一些丝，把它固定在墙角的一侧或者树枝上。然后，再吐出一些丝，把整个蜘蛛网的轮廓勾勒出来，用一根特别的丝把这个轮廓固定住，为继续穿针引线搭好了脚手架。它每抽一根丝，便沿着脚手架，小心翼翼地向前走，走到中心时，把丝拉紧，多余的部分就让它聚到中心。从中心往边上爬的过程中，在合适的地方加几根辐线，为了保持蜘蛛网的平衡，再到对面去加几根对称的辐线。一般来说，不同种类的蜘蛛引出的辐线数目不相同。丝蛛最多，有 42 条；有带的蜘蛛次之，也有 32 条；角蛛最少，但也达到 21 条。同一种蜘蛛一般不会改变辐线数。

这时，蜘蛛已经用辐线把圆周分成了几部分，相邻的辐线间的圆周角也是大体相同的。现在，整个蜘蛛网看起来是一些半径等分的圆周，画曲线的工作就要开始了。蜘蛛从中心开始，用一条极细的丝在那些半径上做出一条螺旋状的丝。这是一条辅助的丝。然后，它又从外圈盘旋着走向中心，同时在半径上安上最后成网的螺旋线。在这个过程中，它的脚就落在辅助线上，每到一处，就用脚把辅助线抓起来，聚成一个小球，放在半径上。这样半径上就有许多小球。从外面看上去，就是许多个小点。好了，一个完美的蜘蛛网就结成了。

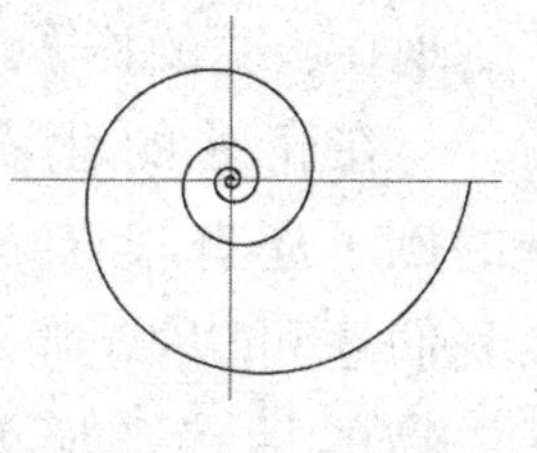
对数螺线

让我们再来好好观察一下这个小精灵的杰作：从外圈走向中心的那根螺旋线，越接近中心，每周间的距离越密，直到中断。只有中心部分的辅助线一圈密似一圈，向中心绕去。小精灵所画出的曲线，在几何中称为对数螺线。这种曲线在科学领域是很著名的，它是一根无止境的螺线，永远向着极绕，越绕越靠近极，但又永远不能到达极。即使用最精密的仪器，我们也看不到一根完全的对数螺线。这种图形只存在科学家的假想中，可令人惊讶的是小小的蜘蛛也知道这线，它就是依照这种曲线的法则来绕它网上的螺线的，而且做得很精确。可见，蜘蛛是天生的“几何学家”。

这种螺旋线还有一个特点。如果你用一根有弹性的线绕成一个对数螺线的图形，再把这根线放开来，然后拉紧放开的那部分，那么线的运动的一端就会划成一个和原来的对数螺线完全相似的螺线，只是变换了一下位置。

延伸阅读

对数螺线又叫等角螺线，因为曲线上任意一点和中心的连线与曲线上这点的切线所形成的角是一个定角。对数螺线的应用十分广泛，在自然界，不只是聪明的蜘蛛利用它织网，许多动物的建筑也都采取这一结构。有一种蜗牛的壳就是依照对数螺线构造的。世界上第一只蜗牛知道了对数螺线，然后用它来造壳，一直到现在，壳的样子还没变过。

在壳类的化石中，这种螺线的例子还有很多。现在，在南海，我们还可以找到一种太古时代的生物的后代，那就是鹦鹉螺。它们还是很坚贞地守着祖传的老法则，它们的壳和世界初始时它们的老祖宗的壳完全一样。也就是说，它们的壳仍然是依照对数螺线设计的，并没有因时间的流逝而改变。

鹦鹉螺化石

可是这些动物是从哪里学到这种高深的数学知识的呢？又是怎样把这些知识应用于实际呢？有这样一种说法，说蜗牛是从蠕虫进化来的。某一天，蠕虫被太阳晒得舒服极了，无意识地揪住自己的尾巴玩弄起来，便把它绞成螺旋形取乐。

突然它发现这样很舒服，于是常常这么做，久而久之便成了螺旋形的了。

但是蜘蛛呢？它从哪里得到这个概念呢？因为它和蠕虫没有什么关系。然而它却很熟悉对数螺线，而且能够简单地运用到它的网中。蜗牛的壳要造好几年，所以它能做得很精致，但蜘蛛网差不多只用一个小时就造成了，所以它只能做出这种曲线的一个轮廓，尽管不精确，但这确实是算得上一个螺旋曲线。是什么东西在指引着它呢？除了天生的技巧外，什么都没有。

天生的技巧能使动物控制自己的工作，正像植物的花瓣和小蕊的排列法，它们天生就是这样的。没有人教它们怎么做，而事实上，它们也只能做这么一种。蜘蛛自己不知不觉地在练习高等几何学，靠着它生来就有的本领很自然地工作着。

动物皮毛上的斑点和条纹的数学特征

情境导入

在动物园或者电视上，我们常常看到许多身上有美丽斑点和条纹的动物，比如猎豹、斑马、长颈鹿、羚羊……它们身上的花纹千变万化，各具特色，可谓是大自然的杰作。

猎豹

斑马

梅花鹿

蛇

不过，在欣赏这些美丽斑点和条纹的同时，你有没有想过这些看似复杂的条纹和斑点有一定规律可循？它们又能否用数学模型来呈现呢？

数学原理

经科学家多年的研究，猎豹、斑马、梅花鹿等动物身上的花纹或者斑点虽然各不相同，但很可能有着相同的数学模型。

图灵

早在1952年，英国科学家阿兰·图灵就提出了将一种反应扩散方程组作为生物形态的基本化学反应模型。图灵发现，动物的斑纹中，存在着令人意想不到的一致性：所有斑纹都可以用同一类型的方程式来产生。这类方程被称作反应扩散方程，描述了当不同的化学物品放在一起产生的反应、扩散到表面的情况。

通常认为生物成长是一种复杂的化学反应过程，其中可能有几十上百甚至更多的化学物质参加反应。但是在生物体某一局部（像器官、组织，甚至细胞）的反应，可能主要就是少数几种化学成分起决定性作用。

假设只有两种化学物质参加反应，它们做扩散然后相互反应，所以这个方程式就在描述这个化学物质怎么扩散、怎么反应。由于它是非线性的，所以数学家也没办法把它解出来。只有靠巨型计算机一步步去制造，去把它解出来，算出每一个时间，这两种化学物质的浓度的分布是怎么样的。最后当它到达稳定的时候，再把它的浓度分布画出来，呈现出最后的图案。

2006 年，台湾中兴大学的物理系教授廖思善、牛津大学数学系教授菲利普麦尼、中兴大学博士生刘瑞堂等人，利用图灵方程式，在计算机中仿真出美洲豹从小到大毛皮图案的变化，进一步证实了半个世纪前图灵提出的数学想法。

生物的演化可以用方程式来解释，这个发现震撼了科学界。换句话说，这项研究也从一定程度上说明，自然界许多生物包括人类，其外在形态比如斑纹之所以能够世代相传，可能是来自于数学定律，而非单纯的基因遗传。

延伸阅读

生物数学家詹姆斯·默瑞认为所有哺乳动物身上的斑图形态是同一反应扩散机理造成的：在动物胚胎期，一种他称之为形态剂的化学物质随着反应扩散的动力系统在胚胎表面形成一定的空间形态分布，然后在随后的细胞分化中形态剂促成了黑色素的生成，而形态剂的不均匀分布也就造成了黑色素的空间形态。黑色素正是产生肤色或皮毛颜色的基本化学物质。今天大商场里备受女性青睐的各类美白护肤品的原理就是抑制人类皮肤上黑色素的生成。他利用反应扩散方程组得到了生物学上的两条“定理”。

各类毒蛇的斑纹

“定理”一：蛇的表皮一般总是条纹状，很少有斑点状。

不相信这个规律的朋友不妨找一些蛇的图片来验证一下，有名的毒蛇如金环蛇、银环蛇都是条纹状表皮的典型。数学上蛇正是动物身体长度和宽度比例很大的最好例子。另外，根据同样道理，蛇的条纹也大多是横条，很少竖条。

“定理”二：世界上只有条纹尾巴、斑点身体的动物，而没有斑点尾巴、条纹身体的动物。

东北虎

猎豹　　　　雪豹

大家从图中可看到身体和尾巴都是条纹的东北虎，身体和尾巴都是斑点的雪豹，条纹尾巴、斑点身体的猎豹，唯独没有斑点尾巴、条纹身体的动物。因为对同一种动物，其身体和尾巴上的反应扩散方程组是一样的，而尾巴长宽比例远大于身体长宽比例，所以如果尾巴是斑点，身体就不太可能是条纹了。

大自然真是根据特征函数来创造世间万物的吗？从上面有趣的理论还不能下这样的断言。但是我们真的能在这世界上的动物中找到数学的特征函数。

同样类似的理论也被应用到贝壳图案、热带鱼身体条纹的生成，这些科学研究在过去 20 年里可说是方兴未艾。

然而这些很有意思的研究和许多今天理论生物学的探索一样，都只是一种理论，或者是假说，生物的复杂性使得这些理论还远未达到可以用实验手段验证的地步，但这也许正是当代生物学引人入胜的地方。

鱼类的斑纹

蜜蜂的舞蹈

情境导入

我们都知道，蜜蜂的社会是一个资源共享、精确分工和相互交流的高度结构化群体。负责觅食的工蜂成群结队地出去劳作，各司其职，井然有序。然而蜜蜂没有语言和文字，这么一个庞大的团队，靠什么来交流信息呢？

蜜蜂

数学原理

蜜蜂在采集蜂蜜前，先派出少数“侦察兵”去寻找开花泌蜜的植物群。当“侦察兵”发现花丛后，它得向群蜂表明花丛在何方、距离蜂巢有多远。不了解这些信息，群蜂是无法去采集的。于是，“侦察兵”就以“舞蹈”动作来表示食物所在的地方和距离，并引导蜂群前去采集。

在中学所学的坐标系中，除了直角坐标系以外，还有一种极

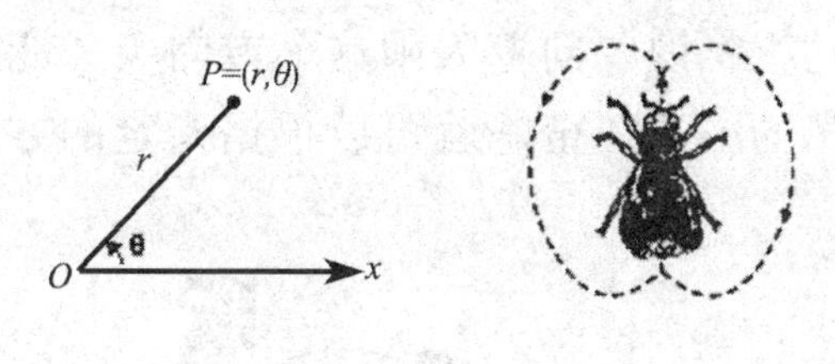

极坐标　　　　蜜蜂的 8 字舞

坐标系。那就是先在平面上确定一条射线 OX，这条线叫做极轴（如图）。如果平面上一点 P 与 O 点连线 OP 与极轴 OX 的夹角为 θ，且 P 点到 O 点的距离为 r，那么我们就用（r，θ）来表示 P 点的极坐标。这就告诉我们，只要知道某一个角度和距离，就可以确定某一点的位置。

蜜蜂本能地运用极坐标的原理，通过舞蹈的动作，巧妙地表达出花丛与蜂巢的距离和方位。蜜蜂跳的一种“8 字形舞”不仅表示距离，还指明方向。在一定时间内“8 字形舞”的圈数和腹部摆动的次数，就表示蜂巢到花丛的距离。如果以 15 秒作为计时单位，花丛距蜂巢越远，蜜蜂舞蹈的圆圈数就越少，直线爬行的时间就比较长，腹部摆动的次数就比较多。下表是在 15 秒内蜜蜂舞蹈的圈数和腹部摆动的次数以及蜂巢与花丛的距离表。

蜂巢与花丛的距离（cm）	100	400	700
舞蹈的圈数	9 ~ 10	7 ~ 8	5 ~ 6
腹部摆数的次数	2 ~ 3	6 ~ 8	10 ~ 11

只知道距离是不够的。蜜蜂在舞蹈时还利用太阳的角度来指示方向。“太阳角”就是以蜂巢为角的顶点，它相当于极坐标中的 O 点；向太阳方向的射线相当于极轴 OX；向花丛方向的射线相当于 OP。这时太阳方向与花丛方向就构成一个角（相当于 θ），这个角就标志着花丛的方向。如果蜜蜂在舞蹈时，头朝上，从下

往上跑直线，这就是说要向着太阳这个方向飞才能找到花丛，按照上述传递信息的方法，蜜蜂就可以根据指定的方向和距离，顺利地找到花丛。

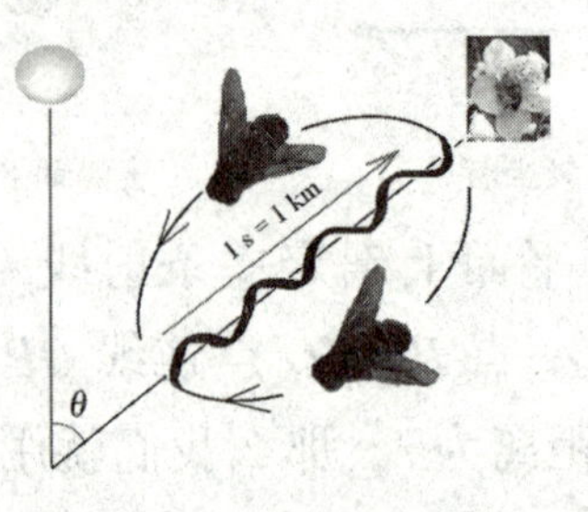

花朵的方向与太阳方向的夹角，等于摇臀直线与地心引力的夹角

延伸阅读

动物不能像人那样说话，但它们一样能够进行交流，其交流的方式可谓五花八门。

声音语言

人们发现，每当敌害来到白蚁的巢穴时，整群白蚁常常已逃得无影无踪，只留下一座空“城”。为了揭开这个奥秘，昆虫学家进行了专门的研究。原来，担任“哨兵”的白蚁能从很远的地方，就发出敌情“报告”，用自己的头叩击洞壁，通知巢中的蚁群立即撤退。

在大自然中，用声音作为通信工具的动物是很多的。许多鸟都有着清甜多变的歌喉，它们是出色的歌唱家。据说，全世界的鸟类语言共有两三千种之多，和人类语言的种类不相上下。

动物的声音语言千变万化，含义各不相同。长尾鼠在发现地面上的强敌——狐狸和狼等时，会发出一连串的声音；如果威胁来自空中，它的声音便单调而冗长；一旦空中飞贼已降临地面，它就每隔 8 秒钟发一次警报。母鸡可以用 7 种不同的声音来报警，它的同伴们一听便知：来犯者是谁，它们来自何方，离这儿有多远。

白蚁的巢穴

有些动物的警报声，不仅本家族的成员十分熟悉，就连其他动物也都心领神会。例如，当猎人走进森林时，喜鹊居高临下，唧唧喳喳地发出了警报，野鹿、野猪和其他飞禽走兽顿时便明白了：此地危险。于是它们不约而同地四处逃窜了。

超声语言

螽斯，一种害虫，身体绿色或褐色，善跳跃，吃农作物。雄的前翅有发声器，颤动翅膀能发声。螽斯有三种鸣声："单身汉"螽斯唱的大多是"求婚曲"，其他"单身汉"听到后，会此呼彼应地对唱起来，雌螽斯闻乐赴会，并选中歌声嘹亮者；两只雄螽斯相遇，就高唱"战歌"，面对面地摆好阵势，频频摇动触角，大有一触即发之势；当周围出现危险时，螽斯就高奏"报警曲"，闻者便"噤若寒蝉"，溜之大吉。

海豚

海豚的超声语言是颇为复杂的。它们能交流情况，展开讨论，共商大计。1962 年，有人曾记录了一群海豚遇到障碍物时的情景：先是一只海豚"挺身而出"，侦察了一番；然后其他海豚听了侦察报告后，便展开了热烈讨论；半小时后，意见统一了——障碍物中没有危险，不必担忧，于是它们就穿游了过去。现在，人们已听懂了海豚的呼救信号：开始声调很高，而后渐渐下降。当海豚因受伤不能升上水面进行呼吸时，就发出这种尖叫声，召唤近处的伙伴火速前来相救。有人由此得到启发，认为今后人们可以直接用海豚的语言，向海豚发号施令，让它们携带仪器潜入大海深处进行勘察和调查，或完成某些特殊的使命，使之成为人类的得力助手。

运动语言

有些动物是以动作作为联系信号的。在我国海滩上，有一种小蟹，雄的只有一只大螯，在寻求配偶时，便高举这只大螯，频频挥动，一旦发觉雌蟹走来，就更加起劲地挥舞大螯，直至雌蟹伴随着一同回穴。

有一种鹿是靠尾巴报信的。平安无事时，它的尾巴就垂下不动；尾巴半抬起来，表示正处于警戒状态；如果发现有危险，尾巴便完全竖直。

色彩语言

孔雀是以华艳夺目的羽毛著称于世的。雄孔雀之所以常在春末夏初开屏，是因为它没有清甜动听的歌喉，只好凭着一身艳丽的羽毛，尤其是那迷人的尾羽来向它的“对象”炫耀雄姿美态。现在已经知道，善于运用色彩语言的动物不光是鸟类，爬行类、鱼类、两栖类，甚至连蜻蜓、蝴蝶也都充分利用色彩。

孔雀开屏

气味语言

许多昆虫是靠释放一种有特殊气味的微量物质（即气味语言）进行通信联系的。这种微量物质称为传信素。目前，人们已查明 100 多种昆虫传信素的化学结构，并根据这些气味语言物质的作用进行了分类：有借以吸引同种异性个体的性引诱剂，有通知同种个体对劲敌采取防御和进攻措施的警戒激素，有帮助同类寻找食物或在迁居时指明道路的示踪激素，以及维持群居昆虫间的正常秩序的行为调节剂等。

人们发现，运用气味语言的绝非昆虫一家，鱼和某些兽类也有这种本领。有些雄兽（如鹿和羚羊）在生殖季节，能用特殊的气味物质进行“圈地”，借以警告它的同伙：有我在此，你须回避。

鹿

神奇的螺旋

情境导入

你注意过吗？从银河系之外的宇宙到飓风，从爬藤植物的藤蔓到蓟、菠萝、松果的外皮，从鹦鹉螺壳上的花纹到向日葵的种子排列，从人体的细胞结构到菜花的花朵和果实，这些美丽的形状具有一种神秘的规律，与周围杂乱无章的世界形成了鲜明的对照。这种我们熟悉的结构究竟包含着什么样的数学规律呢？

鹦鹉螺壳

爬藤植物

菜花

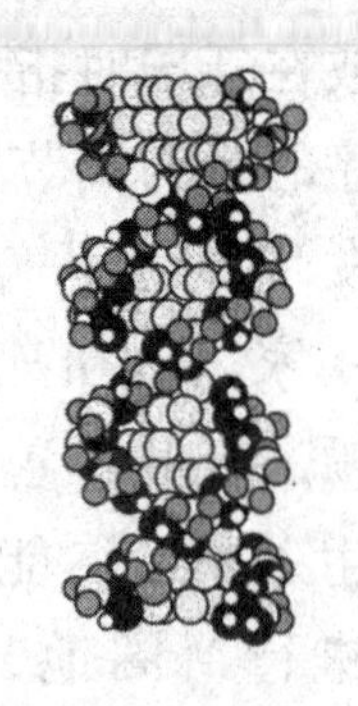

DNA 双螺旋结构

数学原理

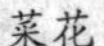

其实以上我们提及的事物，它们都有一个共同的特点，就是都具有像螺蛳壳纹理那样的曲线形，这种曲线叫做螺旋。

螺旋结构是自然界最普遍的一种形状，DNA 以及许多其他在生物细胞中发现的微型结构都有这种构造。然而，为何大自然对这种结构如此偏爱呢？美国宾夕法尼亚州的物理学家，找到了这一问题的数学答案。

为何螺旋结构是现在这个样子？过去的回答是——由分子之间的引力决定的。但这只能回答螺旋结构是如何形成的，而不能回答为什么它们是那种形状。宾夕法尼亚州大学的天文和物理学系教授兰德尔·卡缅指出，从本质上来看，螺旋结构是在一个拥挤的空间，例如一个细胞里，聚成一个非常长的分子的较佳方式，如 DNA。

在细胞的稠密环境中，长分子链经常采用规则的螺旋状构造。这不仅让信息能够紧密地结合其中，而且能够形成一个表面，允许其他微粒在一定的间隔处与它相结合。例如，DNA 的双螺旋结构允许进行 DNA 转录和修复。

为了显示空间对螺旋形成的重要性，卡缅建立了一个模型，把一个能随意变形但不会断裂的管子，浸入由硬的球体组成的混合物中，就好比是一个存在于十分拥挤的细胞空间中的分子。通过观测，他发现对于这种短小易变形的管子而言，Ц 形结构的形成所需的能量最小，空间也最少。而螺旋当中的 Ц 形结构，在几何学上最近似于在自然界的螺旋中找到的该种结构。

看来，分子中的螺旋结构是自然界能够最佳地使用手中材料的一个例子。DNA 由于受到细胞内的空间局限而采用双螺旋结构，就像是由于公寓空间局限而采用螺旋梯的设计一样。

延伸阅读

大约在 2300 年以前，古希腊时代最伟大的数学家阿基米德第一个发现了螺旋的能量和魔力。他在古代最出色的数学著作之一中解释了这种结构的特性，他的名字因此与两种螺旋永远连在了一起。

阿基米德表明，他的第一种螺旋能够用来解决一些长期存在的数学难题，但另一种螺旋却有更多的实用性。这种被称为阿基米德螺旋泵的东西是一种围绕一个圆筒向上的结构。这种在技术上被称为螺旋线的形状构成了著名的阿基米德升水泵（一种内装螺旋“线”的圆筒形汲水装置）的核心。如今，螺旋这种神奇的结构有了更多实际的用途。

阿基米德

对于航空公司来说，事先考虑到科里奥利效应（地球的自转力往往使所有物体朝同一个方向运动）当然很有必要：一架试图按直线从欧洲飞往美洲的大型喷气式客机最终很可能会令人难堪地降落在目的地以北3000千米的地区。避免飞机在北极圈着陆的唯一办法就是按照能够补偿地球自转效应的螺旋形路线前进。

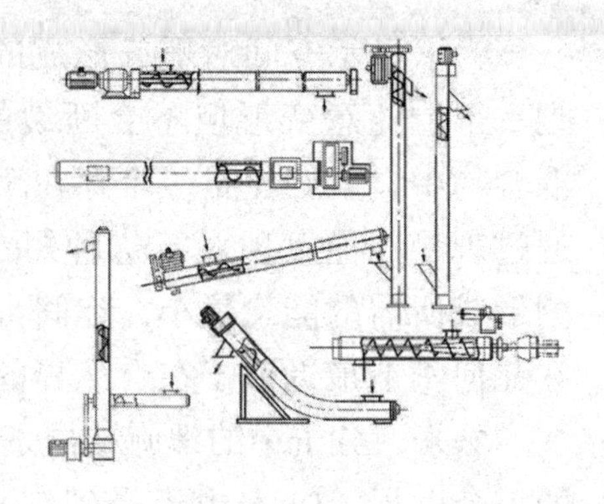
阿基米德螺旋泵

一级方程式赛车手们也懂得利用螺旋形的好处。对行车路线的研究表明，像舒马赫这样的世界级选手都按照弧形路线前进，因为弧线使他们能够在尽量少减速的情况下通过转弯处。这样，他们就能够加大进入和驶出的速度。

虽然人类已经研究了成千上万年，但螺旋结构仍然蕴藏着许多秘密。

从宇宙的范围看，天文学家们希望弄清为什么80%的星系都是螺旋形。显然，无所不在的引力起到了关键的作用，但它到底是怎样把灿烂的星系雕刻成美妙螺旋的呢？这仍旧是个谜。

同样，自然界的螺旋结构也蕴藏着许多秘密。摆在我们眼前的例子就是：我们手指和脚趾上那些熟悉的螺旋形纹路是怎样形成的？与单一形式的DNA“指纹”不同，真正的指纹千差万别，就算是同卵双胞胎也彼此不同。然而，是什么决定了指纹的形状？这一形状能够预测吗？一种看法认为，这些螺旋形是创造我们皮肤的生物化合物在集中时产生的凹凸。科学家很

指纹

早就已经知道，某些化合物在结合时会形成复杂的形式，而不是光滑、统一的结构。也许，指纹就是一个例子。

祖先留给我们的这些螺旋之谜，正等待我们去深入挖掘和探索。认识大自然、了解螺旋是既有趣又有意义的课题。

萤火虫为什么会同步发光

情境导入

1680 年，荷兰旅行家肯普弗在泰国旅行。他在湄南河上顺流而下的时候注意到一个奇特的现象：一些明亮发光的昆虫飞到一棵树上，停在树枝上，有时候它们同时闪光，有时候又同时不闪光，闪光与不闪光很有规律，在时间上很准确。

其实，肯普弗所说的昆虫就是我们熟知的萤火虫，在海上航行的船员在此之前也看到了他所说的现象。为什么萤火虫会那么有“默契”地同时发光呢？它们是怎样做到这一点的呢？

漫山遍野的萤火虫同步发光

数学原理

1935 年，在《科学》杂志上发表了一篇《萤火虫的同步闪光》的论文。在这篇论文中，美国生物学家史密斯对这一现象作了生动的描述：“想象一下，一棵 10～12 米高的树，每一片树叶上都有一只萤火虫，所有的萤火虫大约都以每 2 秒 3 次的频率同步闪光，这棵树在两次闪光之间漆黑一片。想象一下，在 160 米的河岸两旁是不间断的芒果树，每一片树叶上的萤火虫，以及树列两端之间所有树上的萤火虫完全一致同步闪光。如果一个人有足够丰富的想象力的话，那么他就会对这一惊人奇观产生某种想法。”

这种闪光为什么会同步？

1990 年，米洛罗和施特盖茨两位数学家借助数学模型给了一个解释。在这种模型中，每个萤火虫都和其他萤火虫相互作用。建模的主要思想是，把诸多昆虫模拟成一群彼此靠视觉信号耦合的振荡器。每个萤火虫用来产生闪光的化学循环被表示成一个振荡器，萤火虫整体则被表示成此种振荡器的网络——每个振荡器以完全相同的方式影响其他振荡器。这些振荡器是脉冲式耦合，即振荡器仅在产生闪光一瞬间对邻近振荡器施加影响。米洛罗和施特盖茨证明了，不管初始条件如何，所有振荡器最终都会变得同步。这个证明的基础是吸附概念。吸附使两个不同的振荡器“互锁”，并保持同相。由于耦合完全对称，一旦一群振荡器互锁，就不能解锁。

延伸阅读

其实，大自然中、社会生活中还有类似的自然现象或社会现象。最新研究表明，无论是电子装置还是萤火虫，都可以用数学定律来解释。数学家、美国康奈尔大学教授史蒂文·斯特罗加茨说，假定一个集体中的所有成员都是来回变化的，即从一种状态变化到另一种状态，例如从发光到不发光，那么这种现象是可以用数学来解释的。

钟摆模型

没有生命的物体的一个典型例子是钟摆。当几个钟被放在一起时，它们的钟摆就会同步，向同一方向摆动。

深夏季节，在许多树上都会有许多长"鸣"不断的知了。有趣的是，一棵树上往往有十几只甚至更多的知了，但它们的鸣叫声却是如此的同步，如此的协调，就如同一只知了在鸣叫一样，而其声音的量级又远远大于单只知了发出的"鸣叫"声。相关学者通过建立数学模型研究证明，即使树上只有两只知了，最终也将趋于同步。因此，当知了的数目逐渐减少时，知了的鸣叫依然是同步的。他们还发现，当知了的个数发生变化时，同步化时间与之无必然的联系。

知了

在人体内，科学家也发现了奇妙的"同步"现象—— 起搏细胞（自节律细胞）。一单位平滑肌又叫内脏平滑肌，分布在消化管道、胆管、输尿管和子宫等器官上。这类平滑肌能自发地，有节律地同步收缩，原因是由于一单位平滑肌细胞中有一群起搏细胞。这种细胞自发地，接着又缓慢地复极化，如此循环不已，产生了基本电节律。

花朵的数学方程

情境导入

方程为 $r(\theta)=2\sin(4\theta)$ 的玫瑰

春天来了，花园里百花争妍，万紫千红，然而你是否发现，花、叶和枝的分布都是十分对称、均衡和协调的？碧桃、腊梅，它们的花都以五瓣数组成对称的辐射图案；向日葵花盘上果实的排列、菠萝果实的分块以及冬小麦不断长出的分蘖，以对称螺旋的形式在空间展开……许许多多的花朵既表现出生物美，也表现出数学美。

数学原理

数学家们很早就已经注意到某些植物的叶、花形状与一些封闭曲线非常相似。

他们利用方程来描述花的外部轮廓，这些曲线被称为“玫瑰形线”。数学中有三叶玫瑰线［方程为$\rho=A\sin(3\beta)$］、四叶玫瑰线［方程为$\rho=A\sin(2\beta)$］等曲线，这些曲线的极坐标方程很简单，基本形式均为$\rho=A\sin(n\beta)$，即任意一点的极半径ρ是角度β的函数；其直角坐标方程为：$x=A\sin(n\beta)\ \cos(\beta)$，$y=A\sin(n\beta)\ \sin(\beta)$。

以下是科学家们经过研究得出的几种花朵的曲线方程。

茉莉花瓣的方程是：$x^3+y^3=3axy$

茉莉花瓣

三叶草的方程是：$\rho=4\left(1+\cos3\varphi+3\sin^{2}3\varphi\right)$

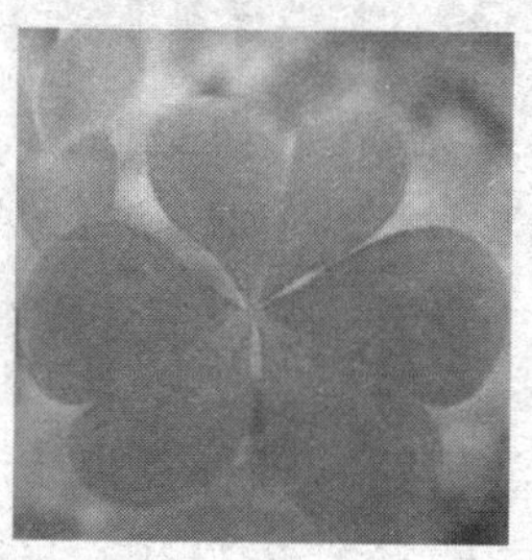

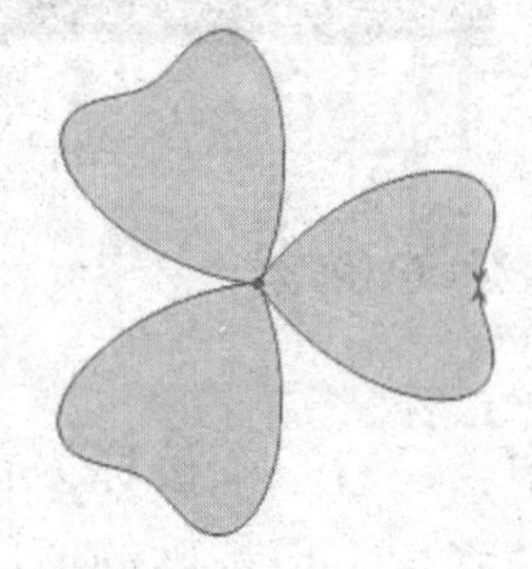

三叶草

向日葵线的方程是：

$\theta=360t$

$r=30+10\sin(30\theta)$

$z=0$

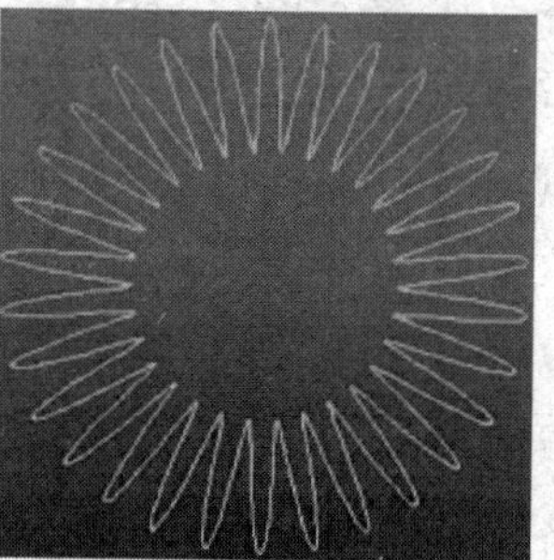

向日葵

美丽的“蝶恋花”方程曲线：

蝴蝶函数：$\rho=0.2\sin(3\theta)+\sin(4\theta)+2\sin(5\theta)+1.9\sin(7\theta)-0.2\sin(9\theta)+\sin(11\theta)$

花函数：$\rho=3\sin(3\theta)+3.5\cos(10\theta)\cos(8\theta)$

蝶恋花

延伸阅读

数学中，还有一个被称为黄金角的数值是137.5°，这是圆的黄金分割的张角，更精确的值应该是137.50776°。与黄金数一样，黄金角同样受到植物的青睐。

车前草是西安地区常见的一种小草，它那轮生的叶片间的夹角正好是137.5°，按照这一角度排列的叶片，能很好地镶嵌而又互不重叠，这是植物采光面积最大的排列方式，每片叶子都可以最大限度地获得阳光，从而有效地提高植物光合作用的效率。建筑师们参照车前草叶片排列的数学模型，设计出了新颖的螺旋式高楼，最佳的采光效果使得高楼的每个房间都很明亮。

1979年，英国科学家沃格尔用大小相同的许多圆点代表向日葵花盘中的种子，根据斐波那契数列的规则，尽可能紧密地将这些圆点挤压在一起，他用计算机模拟向日葵的结果显示，若发散角小于137.5°，那么花盘上就会出现间隙，且只能看到一组螺旋线；若发散角大于137.5°，花盘上也会出现间隙，而此时又会看到另一组螺旋线，只有当发散角等于黄金角时，花盘上才呈现彼此紧密镶合的两组螺旋线。所以，向日葵等植物在生长过程中，只有选择这种数学模式，花盘上种子的分布才最为有效，花盘也变得最坚固壮实，产生后代的几率也最高。

高等植物的茎也有最佳的形态。许多草本植物的茎，它们的机械组织的厚度接近于茎直径的$\frac{1}{7}$，这种圆柱形结构很符合工程上以耗费最少的材料而获得最大坚固性的一种形式。一些四棱形的茎，机械组织多分布于四角，这样也提高了茎的支撑能力，支持了较大的叶面积。当然，整株植物的空间配备也必须符合数学、力学原则，才适合在自然界中生存和发展。像一些大树，都有倾斜而近似垂直的分枝、圆柱形的茎和多分枝的根，这样有利于生长更多的叶片，占据更大的空间和更好地进行光合作用。透过繁茂的枝叶，我们看到了绿色世界里的奇观。

动物世界里的“数学家”

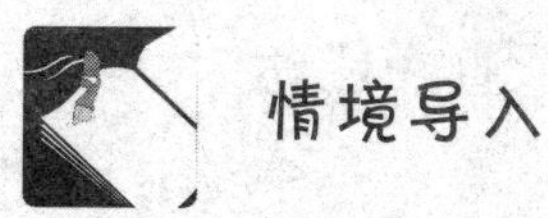

情境导入

由于生存的需要，不仅植物王国里有许多“数学高手”，在广阔的动物天地里也有不少才华横溢的“数学家”，它们为了适应客观环境，符合某种数学规律或者具有某种数学本能，其数学才华常常令科学家们惊叹不已。比如，老虎、狮子在漆黑的夜晚如何捕猎呢？猫儿睡觉时为何要蜷缩成一团呢？蚂蚁如何搬动比它自身重好几倍的食物？桦树卷叶象虫是如何利用数学知识筑巢的呢？丹顶鹤为何要编队飞行呢？

数学原理

老虎、狮子是夜行动物，到了晚上，光线很弱，但它们仍然能外出活动捕猎。这是什么原因呢？原来动物眼球后面的视网膜是由圆柱形或圆锥形的细胞组成的。圆柱形细胞适于弱光下感觉物体，而圆锥形细胞则适合于强光下感觉物体。

老虎

在老虎、狮子一类夜行动物的视网膜中，圆柱细胞占绝对优势，到了晚上，它们的眼睛最亮，瞪得最大，直径能达3～4厘米。所以，光线虽弱，但视物清晰。

狮子

冬天，猫儿睡觉时，总是把自己的身子尽量缩成球状，为什么呢？原来数学中有这样一条原理：在同样体积的物体中，球的表面积最小。猫身体的体积是一定的，为了使冬天睡觉时散失的热量最少，以保持体内的温度尽量少散失，于是猫儿就巧妙地“运用”了这条几何性质。

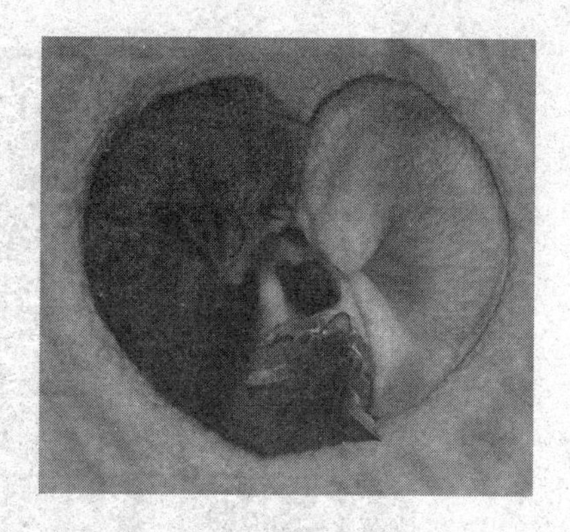

猫咪睡觉

蚂蚁是一种勤劳合群的昆虫。英国有个叫亨斯顿的人曾做过一个试验：把一只死蚱蜢切成 3 块，第二块是第一块的 2 倍，第三块又是第二块的 2 倍，蚂蚁在组织劳动力搬运这些食物时，后一组均比前一组多 1 倍左右，似乎它也懂得等比数列的规律。

桦树卷叶象虫能用桦树叶制成圆锥形的“产房”，它是这样咬破桦树叶的：雌象虫开始工作时，先爬到离叶柄不远的地方，用锐利的双颚咬透叶片，向后退去，咬出第一道弧形的裂口。然后爬到树叶的另一侧，咬出弯度小些的曲线。然后又回到开头的地方，把下面的一半叶子卷成很细的锥形圆筒，卷 5 ~ 7 圈。然后把另一半朝相反方向卷成锥形圆筒，这样，结实的“产房”就做成了。

丹顶鹤的队形也神奇莫测。丹顶鹤在迁徙时是结队飞行的，排成“人”字形。据观察，其“人”字形的角度永远保持在 110°，“人”字夹角的一半是 54°44′8″，金刚石结晶体的角也是这么大，两者居然完全一样。

丹顶鹤

延伸阅读

虽说动物为了生存，某些生活习性或者身体形态暗合数学原理，但是难以置信的是，不少动物竟然懂得计数。

先说几种鸟类。在凤头麦鸡面前放 3 只小盘子，每只盘子中都放着它爱吃的小虫子，分别是 1 条、2 条和 3 条。凤头麦鸡有时先吃 2 条的，有时先吃 3 条的，但总是不先吃 1 条的。这说明，凤头麦鸡知道 2 比 1 多，大概它能数到 2。

乌鸦

乌鸦看到几个拿枪的猎人，就飞到大树上躲起来。4 个猎人当着乌鸦的面走到对面的草棚里休息，过了一会走掉一个猎人，乌鸦不飞下来；又走掉一个猎人，乌鸦仍不飞下来；走掉 3 个猎人后，乌鸦就从大树上飞了下来。可能是它以为猎人全走了，可能乌鸦可以数到3。

有人对鸽子做了一项实验：给它喂食玉米，一粒一粒喂给它吃，每次都喂6粒。突然喂给它第七粒玉米，它竟然不吃。

生物学家佩珀伯格曾在美国印第安纳州耐心地训练一只6岁的非洲灰鹦鹉，使它学会了40个英文单词，还会计数，这只鹦鹉能用这些单词说出几十种物品的名称、颜色和形状，还会说出这堆东西有多少数字，聪明得令人称奇。

松鼠

再说哺乳动物。科学家发现了灰松鼠在越冬之前要贮存食品，它将许多松果藏在不同的地方。可是以后它找到其中的六七堆之后，别的地方就不再找了。可能灰松鼠只能数到7。

真正的数学“天才”是珊瑚虫。珊瑚虫在自己的身上记下“日历”，它们每年在自己的体壁上“刻画”出365条斑纹，显然是一天“画”一条。奇怪的是，古生物学家发现3.5亿年前的珊瑚虫每年“画”出400幅“水彩画”。天文学家告诉我们，当时地球一天仅21.9小时，一年不是365天，而是400天。

珊瑚虫

雪花为何都是六角形的

情境导入

我国北方的冬天，天寒地冻，常常会飘起鹅毛大雪，细心的同学也许会发现，虽然雪花有多种多样的形态，但每一片雪花都是六角形的。这是大自然呈现给我们的美丽，也是给我们出的一个课题：为什么雪花都是六角形的呢？怎么不是三角形或者五角形呢？

北方雪景

数学原理

解释这个问题不仅需要数学知识，还要涉及物理原理。雪花的形状，涉及水在大气中的结晶过程。大气中的水分子在冷却到冰点以下时，就开始凝华，而形成水的晶体，即冰晶。冰晶和其他晶体一样，其最基本的性质就是具有自己的规则的几何外形。冰晶属六方晶系，六方晶系具有 4 个结晶轴，其中 3 个辅轴在一个平面上，互相以 60 度角相交；另一主轴与这 3 个辅轴组成的平面垂直。六方晶系的最典型形状是六棱柱体。但是，当结晶过程中主轴方向晶体发育很慢，而辅轴方向发育较快时，晶体就呈现出六边形片状。

雪花的结晶

大气中的水汽在结晶过程中，往往是晶体在主晶轴方向生长速度慢，而 3 个辅轴方向则快得多，冰晶多为六边片状。当大气中的水汽十分丰富的时候，周围的水分子不断地向最初形成的晶片上结合，其中，雪片的6个顶角首当其冲，这样，顶角上会出现一些突出物和枝杈。这些枝杈增长到一定程度，又会分杈。次级分杈与母枝均保持60度的角度，这样，就形成了一朵六角星形的雪花。

延伸阅读

其实，人们很早就留意雪花的形状。我国西汉时代的韩婴就发现："凡草木花多五出，雪花独六出。"即雪花是六瓣、六角形的。雪花的基本形状是六角形，但是大自然中却几乎找不出两朵完全相同的雪花，就像地球上找不出两个完全相同的人一样。许多学者用显微镜观测过成千上万朵雪花，这些研究最后表明，形状、大小完全一样和各部分完全对称的雪花，在自然界中是无法形成的。

雪花

雪花形状的多种多样，与它形成时的水汽条件有密切的关系。对于六角形片状冰晶来说，由于它面上、边上和角上的弯曲程度不同，相应地具有不同的饱和水汽压，其中角上的饱和水汽压最大，边上次之，平面上最小。在实有水汽压相同的情况下，由于冰晶的面上、边上、角上的饱和水汽压不同，其凝华增长的情况也不相同。如果云中水汽不太丰富，实有水汽压仅大于平面的饱和水汽压，水汽只在面上凝华，这时形成的是柱状雪花；如果水汽稍多，实有水汽压大于边上的饱和水汽压，水汽在边上和面上都会发生凝华，由于凝华的速度还与弯曲程度有关，弯曲程度大的地方凝华较快，所以在冰晶边上凝华比面上快，这时多形成片状雪花；如果云中水汽非常丰富，实有水汽压大于角上的饱和水汽压，这样在面上、边上、角上都有水汽凝华，但尖角处位置突出，水汽供应最充分，凝华增长得最快，所以多形成枝状或星状雪花。再加上冰晶不停地运动，它所处的温度和湿度条件也不断变化，这样就使得冰晶各种部分增长的速度不一致，形成多种多样的雪花。

大气层里的温度，对雪花的形状起着很大的作用。温度高，容易产生六角形雪片；温度低，则往往容易产生柱状雪晶。根据许多科学家的观测研究，大气层温度在 -25℃以下时，雪的形状多数是主晶轴发育的六棱柱状；温度在 -25℃ ~ -15℃时，雪的晶体大多是六角形雪片；温度在 -15℃ ~0℃时，天空里降落的则多数是美丽的六角星形的雪花。

雪花从空中飘落时，为什么还能保持六角形的形态呢？科学家们发现，雪花在空中飘浮时，本身还会振动，而这种振动是环绕对称点进行的，而这个对称点正是最初形成的冰晶，这就是保持雪花形态在飘落过程中不发生变化的原因。不过，在极地，有时由于大气中的水汽不足、湿度极低，水汽结晶过程十分充裕，冰晶最终能形成六棱柱状的标准形态。因此，在极地区，有时就能看到降下来的雪不是片状的雪花，而是一些六棱柱形的雪晶。

树木年轮与地震年代测定

情境导入

俗话说："十年树木，百年树人。"面对着苍劲挺拔的树木，我们知道可以通过树木横截面上的同心圆也就是年轮判断它的年龄，但是你有没有想过，树木的年轮竟然和地震年代的测定有关？

红杉

数学原理

树木年轮生长的宽窄与气温、降雨量等因素紧密相关。这就是说，气温适宜，雨量充沛，树木生长就快，年轮就宽；反之树木生长就慢，年轮就窄。在局部地区生长的树木，若受到地震、泥石流、滑坡等自然因素影响，树木的年轮宽度也随之发生相应的变化。因此，人们根据树木的年轮来确定古地震发生的年代。这对于研究地震的活动规律，预测地震等地质灾害，对保障人民生命财产安全和国民经济建设，具有重大意义。

有一种“最大树龄法”可以根据树木的年轮来确定古地震发生的年代。生长在古地震断裂面上的树木，是在古地震断裂形成之后才开始生长发育起来的树木，而这种树木的最大树龄就相当于古地震发生的年代。也可以通过以下数学公式来推算古地震发生的大致年代：$J=\frac{S}{2\pi P}$。其中，J 表示古地震形成距离现在的年数，P 为被测树木年轮年平均生长宽度，S 为被测树木最大直径的树干基部的周长。

年轮

例如，1982 年，从我国西藏当雄北一带古地震断裂面上生长的香柏树中，取出其中的一棵，测得它的 $P=0.22$ 毫米，$S=80$ 厘米，则可算得 $J=\frac{S}{2\pi P}=\frac{800}{2\times3.14\times0.22}=579$（年）。据这个地区的史料的记载，在 1411 年前后确实发生过 8 级左右的强烈地震，两者相当吻合。

利用树木年轮研究，我们不仅可以确定古地震发生年代，还可以确定几十年、数百年甚至千年以上的古气候变迁。这种方法比运用其他方法简便、经济、可靠。可以说，随着研究的深入，我们将从树木年轮中开发出更多的科学信息。

延伸阅读

巨大的加利福尼亚美洲杉，是地球上最古老的生物之一。在它上面我们也能够发现一些诸如同心圆、同心圆柱、平行线、概率、螺线以及比等数学概念。

加利福尼亚美洲杉

同心圆、圆柱体和平行线

在旧金山以北几千米的缪尔树木名胜古迹区，人们可以发现一丛巨大的红木树。在缪尔树木陈列室里有一个古代树的横断面，断面上的同心环有着许多历史资料的记录。在这些记录中，有基督的生日、诺尔曼人的征服、哥伦布发现新大陆等年份的标记。

一棵树的水平断面显示出同心圆的形式。正常每年生成一个圆环，环的宽度则依赖于气候的变化。干旱的季节所生的环窄些，除了用这些环确定树的大致年龄外，这些环还揭示了影响它生长的气候和自然现象的信息。科学家们能够用这些环来证实诸如干旱、火灾、洪水和饥荒等假说。

当观察树的整段长度时，这些同心圆表现为同心圆柱。这些圆柱的纵断面是一系列平行线。靠中心的平行线是树的心材（死细胞）。接下来是白木质的平行线，它为树木上下输送养料。随着树的生长，白木质圆柱层逐渐变为树的心材。在树皮与白木质之间有一个单细胞的圆柱层，称为形成层，新的细胞正是由形成层制造并变为树皮和白木质。

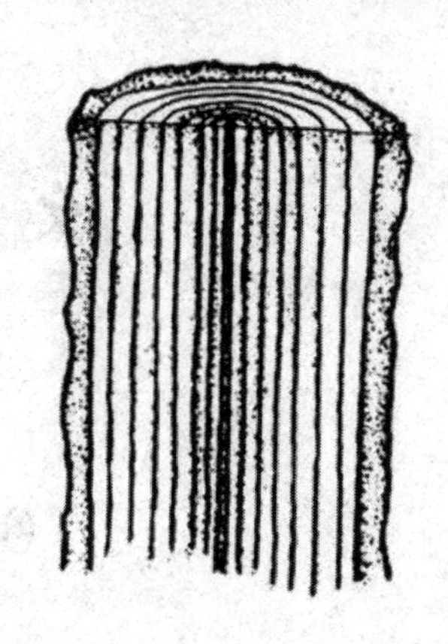

红杉的纵切面

概率

不同树种之间种子的大小和数量有着很大的差异。例如，七叶树的种子每磅（约0.45千克）只有27个，而相比之下红木树种子每磅却多达12000个。红木树的毬果长度为1.27～2.54厘米，其中有80～130个种子。这些种子能够在15年之内发芽、生长。事实上，一棵巨大的红木树每年产生几百万颗种子，通过种子的数量对种子的发芽率予以补偿。在逆境下，许许多多小小的种子会增加红木树萌芽的机会。而种子发芽后说不定几千个中也只有一株有望长成大树。

螺线

看一看红木树的树皮，人们注意到在它的生长图案中有一些轻微的旋动。这是一个在增大的螺线。它是由于地球的自转以及稠密森林中微弱阳光对红木树生长方式的影响造成的。

比

有一个令人惊异的根系支撑着这些高大挺拔的巨树。这些根系主要由浅根（1.2～1.8米深）构成。支撑巨大红木树的是通过侧向向外的支根。根系与树高的比通常在1∶3与2∶3之间。例如，树高为90米，则它根系的侧根从树干的底部算起大约要有30～60米，才能为大树提供一个坚实的基础。

文学中的数学原理

数字入诗别样美

情境导入

我们很小的时候跟数学最早的接触莫过于简单的数字，就这些数字本身而言，并没有特别的美感可言。可是如果我们熟读诗歌，就会发现，这些看似平凡的数字经诗人妙笔点化，就能创造出各种美妙的艺术境界，表达出无穷的妙趣！

数学原理

数字应用在诗歌里，能够起到神奇的艺术效果，那抽象的数学本身又可不可以用诗歌的形式来表现呢？中国古代数学家在这方面做出许多有益的尝试，歌谣和口诀就是其中一种。用诗歌的形式来表现数学问题可以让人们在解答数学问题的同时，也感受到诗歌的魅力。

从南宋的杨辉开始，元代的朱世杰、丁巨、贾亨，明代的刘仕隆等都采用歌诀形式提出各种算法或用诗歌形式提出各种数学问题。

朱世杰的《四元玉鉴》、《或问歌录》共有 12 个数学问题，都采用诗歌形式提出。如第一题："今有方池一所，每面丈四方停。葭生两岸长其形，出水三十寸整。东岸蒲生一种，水上一尺无零。葭蒲稍接水齐平，借问三般（水深、蒲长、葭长）怎定？"

《四元玉鉴》内页书影

在元代有一部算经《详明算法》，内有关于丈量田亩的求法："古者量田较润长，全凭绳尺以牵量。一形虽有一般法，惟有方田法易详。若见涡斜并凹曲，直须裨补取为方。却将黍实为田积，二四除之亩法强。"

著名的《孙子算经》中有一道"物不知其数"的问题。这道算题原文为："今有物不知其数，三三数之剩二，五五数之剩三，七七数之剩二，问物几何？答曰二十三。"这个问题流传到后世，有过不少有趣的名称，如"鬼谷算"、"韩信点兵"等。程大位在《算法统宗》中用诗歌形式，写出了数学解法："三人同行七十稀，五树梅花廿一枝，七子团圆月正半，除百零五便得知。"这首诗包含着著名的"剩余定理"。也就说，拿3除的余数乘70，加上5除的余数乘21，再加上7除的余数乘15，结果如比105多，则减105的倍数。上述问题的结果就是：$(2\times70)+(3\times21)+(2\times15)-(2\times105)=23$。

延伸阅读

一、数字的连用

两人对酌山花开，

一杯一杯复一杯。

我醉欲眠卿且去，

明朝有意抱琴来。

——李白《山中与幽人对酌》

诗的首句写“两人对酌”，对酌者是意气相投的“幽人”，于是乎“一杯一杯复一杯”地开怀畅饮了，接连重复三次“一杯”，不但极写饮酒之多，而且极写快意之至，读者仿佛看到了那痛饮狂歌的情景，听到了“将进酒，杯莫停”（《将进酒》）那兴高采烈的劝酒的声音，以至于诗人“我醉欲眠卿且去”，一个随心所欲、恣情纵饮、超凡脱俗的艺术形象呼之欲出。

二、数字的搭配

两个黄鹂鸣翠柳，

一行白鹭上青天。

窗含西岭千秋雪。

门泊东吴万里船。

——杜甫《绝句》

“两个”写鸟儿在新绿的柳枝上成双成对歌唱，呈现出一派愉悦的景色。“一行”则写出白鹭在“青天”的映衬下，自然成行，无比优美的飞翔姿态。“千秋”言雪景时间之长。“万里”言船景空间之广，给读者以无穷的联想。这首诗一句一景，一景一个数字，构成了一幅优美、和谐的意境。诗人真是视通万里、思接千载、胸怀广阔，让读者叹为观止。

两个黄鹂鸣翠柳

三、数字的对比

黄河远上白云间，
一片孤城万仞山。
羌笛何须怨杨柳，
春风不度玉门关。

——王之涣《凉州词》

这首诗通过对边塞景物的描绘，反映了戍边将士艰苦的征战生活和思乡之情，表达了作者对广大战士的深切同情。首联的两句诗写黄河向远处延伸直上云天，一座孤城坐落在万仞高山之中，极力渲染西北边地辽阔、萧疏的特点，借景物描写衬托征人戍守边塞凄凉幽怨的心情。千岩叠障中的孤城，用“一”来修饰，和后面的“万”形成强烈对比，愈显出城地的孤危，勾画出一幅荒寒萧索的景象。

《凉州词》中的诗意境界

诗歌中的数学意境

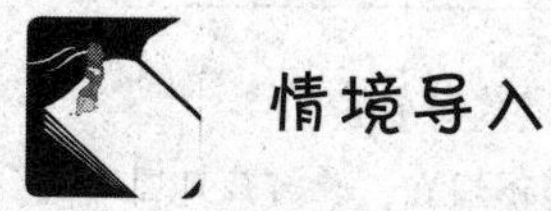

情境导入

唐朝诗人王维的诗歌《使至塞上》共有八句：“单车欲问边，属国过居延。征蓬出汉塞，归雁入胡天。大漠孤烟直，长河落日圆。萧关逢候骑，都护在燕然。”

大漠风光

王维是以监察御史的官职奉唐玄宗之命出塞慰问、访察军情的。途中，王维为眼前的景象所陶醉而欣然命笔。只用10个字“大漠孤烟直，长河落日圆”就生动而形象地写出了塞外雄奇瑰丽的风光，画面开阔，意境雄浑。边疆沙漠，浩瀚无边，所以用了“大漠”的“大”字。边塞荒凉，没有什么奇观异景，烽火台燃起的那一股浓烟就显得格外醒目，因此称为“孤烟”。一个“孤”字写出了景物的单调，紧接一个“直”字，却又表现了它的劲拔、坚毅之美。沙漠上没有山峦林木，那横贯其间的黄河，不用一个“长”字不能表达诗人的感觉。落日，本来容易给人以感伤的印象，这里用一个“圆”字，却给人以亲切温暖而又苍茫的感觉。一个“圆”字，一个“直”字，不仅准确地描绘了沙漠的景象，而且表现了作者深切的感受。

以上是站在诗人的角度看待这句诗，给人展现出了大沙漠的景象。如果从数学的角度看这句诗，那又是怎样的一幅画面呢？

数学原理

数学家将那荒无人烟的戈壁视作一个平面，而将那从地面升起直上云霄的如烟气柱看成一条垂直于地面的直线（如右图所示），而那横卧远处的长河也被视作一条直线，临近河面逐渐下沉的一轮落日则被看作一个圆。因此，“长河落日圆”在数学家眼中便是一个圆横切于一条直线。

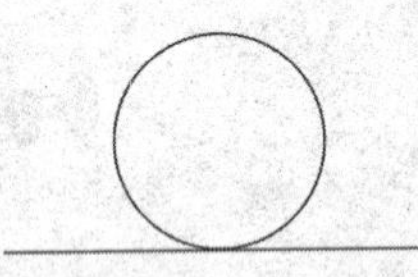

数学家眼中的
“大漠孤烟直，长河落日圆”

由此看来，这两句诗中就包含了这样几种已知图形：大漠、落日——面（平面与圆），孤烟、长河——线（直线与曲线）。“大漠孤烟直，长河落日圆”的“画面”，就这样由面（大漠、落日)、线（孤烟、长河）等基本元素，构成了面与线（也是线与面）之间的相交、相切与相离等关系。

“欲穷千里目，更上一层楼”是唐代诗人王之涣《登鹳雀楼》中的名句，流传千古。诗句的意思非常明确，只要有决心努力攀登，一定能望千里之远。从激励人的志气的角度说，这是很浪漫又务实的佳句，远望千里，人人可以办到，只要攀登到足够的高度就可以了。

然而真要实践一下，大概就很叫人失望了。因为地球表面是圆的，人最远也只能看到视线同地球曲面相切之点，对于水平面而言，人在平原上最远也就看到 4 千米远一些的距离，那么登上一层楼后如何呢？不妨来算一算，这是一个很简单的几何问题。如图所示，设地球的半径为 R，人眼离地面的高度为 h，则人的视线与地面相切之点与所站立之点对于地心的夹角 $\alpha = \arccos\left(\frac{R}{R+h}\right)$（以弧度为单位），$\alpha$ 所对应的弧长等于 $R \times \alpha$，这就是在高度 h 处，人所望见的最远距离。如取地球的平均半径为 6371.110 千米，则可以算出任何高度 h 处人所望见的最远距离。

根据这一算法计算的结果是，人眼在 1.5 米高处最远能望见 4.37 千米，而上一层 3 米高的楼后，能多望见 2 千米远的距离。在 20 米高处上一层楼后，人的远望距离只增加 1 千米左右，而在 50 米高处，人更上一层楼后能望见的距离就只能增加 0.5 千米左右。

就是说，人站得越高，更上一层楼后，所望见的距离增加得越小。

对联中的数学

情境导入

对联是我国传统文化艺术中的一块瑰宝。好对联来源于生活，精心提炼加工以后，高于生活，可以从中体会到语言的优美。数字、图形和数学题，同样来自生活，通过科学的抽象与概括，揭示生活中的内在规律，蕴涵着一种和谐的数学美。对联和文字相结合，又体现出一种绝妙的意境美。我们在欣赏这些对联时，既感受到数学的魅力，又提高了文学修养，别有一番情趣。

数学原理

一、数字入联

一去二三里，

烟村四五家。

亭台六七座，

八九十枝花。

这是宋代邵雍描写一路景物的诗，共 20 个字，把 10 个数字全用上了。这首诗用数字反映远近、村落、亭台和花，通俗自然，脍炙人口。

一片二片三四片，

五片六片七八片。

九片十片无数片，

飞入梅花都不见。

这是宋代林和靖写的一首雪梅诗，全诗用表示雪花片数的数量词写成。读后就好像身临雪境，飞下的雪片由少到多，飞入梅林，就难分是雪花还是梅花。

一窝二窝三四窝，

五窝六窝七八窝。

食尽皇家千钟粟，

凤凰何少尔何多。

这是宋代政治家、文学家、思想家王安石写的一首《麻雀》诗。他眼看北宋王朝很多官员饱食终日、贪污腐败、反对变法、故把他们比作麻雀而讽刺之。

一篙一橹一渔舟，

一个渔翁一钓钩。

一俯一仰一场笑，

一人独占一江秋。

这是清代纪晓岚的十“一”诗。据说乾隆皇帝南巡时，一天在江上看见一条渔船荡桨而来，就叫纪晓岚以“渔”为题作诗一首，要求在诗中用上十个“一”字。纪晓岚很快吟出一首，既写了景物，也写了情态，自然贴切，富有韵味，难怪乾隆连赞：“真是奇才!”

二、术语入联

1953 年，中国科学考察团出国考察。途中，数学家华罗庚出了上联“三强韩魏赵”，让同行的钱三强、张钰哲、赵九章、贝时璋等科学家对下联。上联“三强”是指韩国、魏国、赵国是春秋战国时期的三个强国，同时“三强”又暗指在座的科学家钱三强。众人一时难以对出。最后还是华罗庚自己对出了下联：“九章勾股弦”。“九章”既指我国古代最早提出勾股弦定理的数学名著《九章算术》，同时又暗指同行的赵九章。众人皆惊叹不已。

有一位中学生在新年到来之际给老师送去了这样一副对联："指数函数对数函数三角函数，数数含辛茹苦；平行直线交叉直线异面直线，线线意切情深。"横批："我行我数。"联中巧嵌数学名词，贴切自然，耐人寻味，表达了莘莘学子对老师的敬仰之情。

在以教师为内容的楹联中，婚联是道独特的景观。某位数学老师恋爱时因遇十年浩劫，几经曲折方得成婚。同仁撰联相贺："移项，通分，因式分解求零点；画轴，排序，穿针引线得结果。""爱情如几何曲线，幸福似小数循环。""自由恋爱无三角，人生幸福有几何？"

数学专业术语结联，读来妙趣横生。其中，"三角"、"几何"，语含双关。某乡村小学一对数学老师结为百年之好，工会赠与一对喜联："恩爱天长，加减乘除难算尽；好合地久，点线面体岂包完。"上述几联语言朴实，浅显易懂，尤其是运用数学名词表达美好祝愿，自然别致。一位几何老师和一位物理老师新婚燕尔，调皮的学生书赠一联："大圆小圆同心圆，心心相印；阴电阳电异性电，性性相吸。"横批："公理定律。"显得风趣幽默。

三、式题入联

清乾隆帝五十寿庆时，纪晓岚曾作一贺联："二万里江山，伊古以来，未闻一朝一统二万里；五十年圣寿，自今以往，尚有九千九百五十年。""二万里"、"五十年"上下联各自首尾呼应，下联"五十年"加"九千九百五十年"，恰好万年，合万岁万寿之意，妙极。

清光绪年间，广东吴川人陈兰彬作为使者出使日本。日本首相伊藤博文出联为难他："黄河绿水三三转。"陈兰彬立即以自家后花园内三十六转红湖假山应对："紫海青山六六弯"。"三三见九"指黄河九曲，下联以六六应对，可谓巧矣。

相传，有一秀才爱上邻女，秀才之父认为门户不对，便以对对联为由，想推却婚事："乾八卦，坤八卦，八八六十四卦，卦卦乾坤已定。"不料，姑娘瞬间就对出下联："鸾九声，凤九声，九九八十一声，声声鸾凤和鸣。"这副对联直接将乘法口诀引入联中，别开生面，妙趣横生。

延伸阅读

有许多诗歌，从字面上看不出它与数学的联系，但仔细思索之下，利用数学知识重新反思诗歌内容，会有全新的认识。

譬如歌剧《刘三姐》中，刘三姐与罗秀才对唱，罗秀才："小小麻雀莫逞能，三百条狗四下分。一少三多要单数，看你怎样分得清。"刘三姐："九十九条打猎去，九十九条看羊来。九十九条守门口，还剩三条奇奴才。"计算一下可以发现 $300=99+99+99+3$。

刘三姐

这正是数学中的整数分拆问题。如果不计次序地分拆，就有4种分拆方法：$300=99+99+99+3=99+99+3+99=99+3+99+99=3+99+99+99$。显然，上面的分拆数目若计及次序的分拆便是4种；若不计及次序的分拆便是1种。这时候可以有一个更一般的问题："将300分成有次序的4个奇数之和，有多少种不同的方式?”不难想象，如果当年与刘三姐对唱的罗秀才，将歌词的最后一句改为：“多少分法请说清”，那么即使刘三姐非常聪明，一时间，也恐怕难于应付了。

小说中的数学问题

情境导入

杰克·伦敦是美国著名作家，他在其小说《大房子里的小主妇》中谈到一道数学题：

有一段钢杆深插在田地中央。杆的顶端系着一条钢索，钢索的另一端系在田地边缘的一部拖拉机上。拖拉机向前驶去，以钢杆为中心在它四周画了一个圆圈。

杰克·伦敦

“为了彻底改造这部拖拉机，”格列汉说，“您剩下一件事，就是把它画出的圆形改变成正方形。”“对了，这样的耕作方法用在方块的田地上，会荒掉许多土地的。”“几乎每十英亩要损失三英亩之多。”“不会比这少。”

现在我们来计算一下，小说中判断的结果是否正确。

数学原理

因为钢索的长度决定了拖拉机离钢杆的最大距离，即决定了圆形田地边级到钢杆的距离及正方形田地顶点到钢杆的距离，所以圆是正方形的外接圆。设正方形的边长为 a，则正方

形的面积是 a^2，它的外接圆的直径（正方形的对角线）是 $\sqrt{2}a$，圆的面积是$\frac{\pi a^2}{2}$，故圆形田地剩下的部分应是：

$$\frac{\pi a^2}{2}-a^2=\left(\frac{\pi}{2}-1\right)a^2\approx 0.57a^2$$

$$\therefore 0.57a^2\div\frac{\pi a^2}{2}\approx 0.36=36\%$$

通过计算可以发现，小说中的判断是基本正确的。

延伸阅读

对数学颇有研究的杰克·伦敦在他的另一篇小说里又叙述了一道趣题：

他乘坐套了5只狗的雪橇从斯卡洛维伊赶回营地。在途中第一个昼夜，雪橇以全速行驶。如果这样走下去，就能按时到达。但是一昼夜后，有2只狗扯断缰绳逃走了，剩下的路程只好由3只狗来拖雪橇，前进的速度是原来速度的$\frac{3}{5}$。因为这个缘故，杰克·伦敦到达营地的时间比预定的时间迟到了2昼夜。杰克·伦敦写道：“逃跑的2只狗如能再拖雪橇走50英里（约80千米），那么我就能比预定时间只迟到一天。”看完了这段叙述，你能知道从斯卡洛维伊到营地的距离是多少吗？该题条件较多，数量关系较为复杂。下面给出两种解法：

解法1（算术法）：

“有2只狗扯断了缰绳逃走了”，“到达营地的时间比预定的时间迟到了2昼夜”，“逃跑的2只狗如能再拖雪橇走50英里，那么我就能比预定的时间只迟到一天”，这意味着如果2只狗不逃走，即还是3只狗全速行驶50英里，就比预定的时间迟一天到，还是5只狗全速行驶$50\times2=100$（英里），就能按时赶到。说明第一天末离营地还有100英里，显然这100英里是由3只狗拉，“速度是原来速度的$\frac{3}{5}$”，到了预定的时间当然未到营地，只能走这100英里的$\frac{3}{5}$即为60英里，还剩下40英里未跑完，这剩下的40英里就是多跑2天的原因（迟到了2昼夜），因此3只狗还须2天跑完这40英里，即全速的$\frac{3}{5}$是每天跑20英里，所以全速的速度为每天跑$20\div\frac{3}{5}=\frac{100}{3}$（英里），显然从斯卡洛维伊到营地第一天跑了$\frac{100}{3}$英里，加上剩下的100英里共$\frac{400}{3}$英里。

解法2（代数法）：

像这类问题中所求的量只有一个，但未知的量却较多，若只设一个未知数，列方程较困难。因此，可以从中选出几个未知的量设出，即设辅助未知数，然后在解方程（组）中只将所求的量的代数式求出即可。

设从斯卡洛维伊到营地s英里，5只狗的全速是v英里/天，预定时间为t天，则走50英里所用时间为$\frac{50}{v}$天，依题意可作下面示意图：

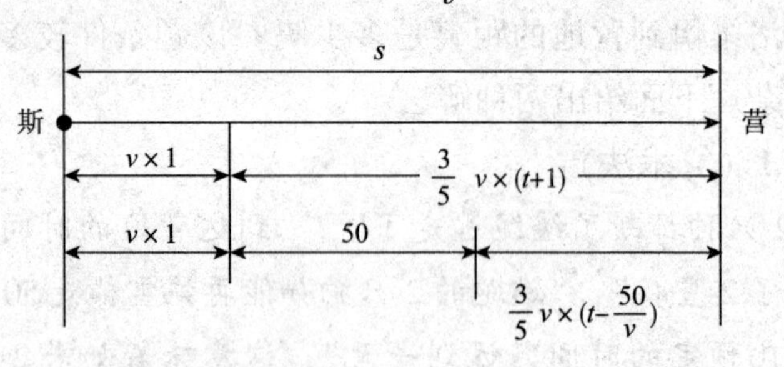

以路程作为等量关系，由示意图得

$$\begin{cases} s = vt \\ v \times 1 + \dfrac{3}{5}v \times (t+1) = s \\ v \times 1 + 50 + \dfrac{3}{5}v \times \left(t - \dfrac{50}{v}\right) = s \end{cases}$$

即$\begin{cases} 4v = s \\ 5v + 100 = 2s \end{cases}$

解方程组得　$s = \dfrac{400}{3}$（英里）

所以从斯卡洛维伊到营地的距离为$\dfrac{400}{3}$英里。

典籍中的数学

情境导入

希腊是世界文明古国之一，它有着灿烂的古代文化。《希腊文集》是一本用诗歌写成的问题集，主要是六韵脚诗。荷马著名的长诗《伊利亚特》和《奥德赛》就是用这种诗体写成的。

《希腊文集》中许多数学题都是以神话和童话的形式出现的。比如有这样一个问题："时间之神赫伦斯，请告诉我，今天已经过去多少时间了？"赫伦斯回答说："现在剩余的时间等于已经过去的$\dfrac{2}{3}$的2倍。"这道题目用现代的数学方法如何解答呢？

《伊利亚特》

数学原理

此题可以这样解：设过去的时间为 x 小时，由于剩余的时间等于已经过去的$\frac{2}{3}$的 2 倍，所以剩余的时间为$2\times\frac{2}{3}x$，可列方程：$x+\frac{4}{3}x=24$。这是一个一元一次方程，可解得：$x=10\frac{2}{7}$（小时）。故今天已经过去了 $10\frac{2}{7}$小时。

延伸阅读

《希腊文集》中还有一些用童话形式写成的数学题。比如“驴和骡子驮货物”这道题，就曾经被大数学家欧拉改编过。题目是这样的：

“驴和骡子驮着货物并排走在路上。驴不住地埋怨自己驮的货物太重，压得受不了。骡子对驴说：‘你发什么牢骚啊！我驮得的货物比你重。假若你的货物给我一口袋，我驮的货就比你驮的重一倍，而我若给你一口袋，咱俩驮的才一样多。’那么驴和骡子各驮几口袋货物？”

这个问题可以用方程组来解：

设驴驮 x 口袋，骡子驮 y 口袋。则驴给骡子一口袋后，驴还剩 $x-1$，骡子成了 $y+1$，这时骡子驮的是驴的 2 倍，所以有

$$2(x-1)=y+1 \quad (1)$$

又因为骡子给驴一口袋后，骡子还剩下 $y-1$，驴成了 $x+1$，此时骡子和驴驮的相等，有

$$x+1=y-1 \quad (2)$$

（1）与（2）联立，有

$$\begin{cases} 2(x-1)=y+1 & (1) \\ x+1=y-1 & (2) \end{cases}$$

这是一个二元一次方程组。

（1）-（2）得 $x-3=2$，

$$x=5 \quad (3)$$

将（3）代入（2），得 $y=7$。

答：驴原来驮 5 口袋，骡子原来驮 7 口袋。

"倍尔数"在诗歌中的应用

情境导入

倍尔是美国的一位数学家，"倍尔数"是指数列 1、2、5、15、52……这个数列排列有一定的规律，其规律如下：

1

1, 2

2, 3, 5

5, 7, 10, 15

15, 20, 27, 37, 52

52, 67, 87, 114, 151, 203

……

这样的数列，形状像个三角形，因而又叫"倍尔三角形"。巧得很，第一竖列依次是 1、1、2、5、15、52……右边斜行也是 1、2、5、15、52……

你能发现每行数是怎样形成的吗？有什么规律吗？你能试着写出第七行和第八行吗？

数学原理

仔细观察、分析可知倍尔数的形成有两条规律：一是每排的最后一个数都是下一排的第一个数；二是其他任何一个数等于它左边相邻数加左边相邻数上面的一个数。

根据上面的两条规律我们可以知道：

第七行：203，255，322，409，523，674，877。

第八行：877，1080，1335，1657，2066，2589，3263，4140。

据说“倍尔数”与诗词有着奇妙的联系，应用倍尔数可以算出诗词的各种押韵方式。例如，由于第五行第五个倍尔数等于52，外国的一些文艺研究家就判断出五行诗有52种不同的押韵方式，这在大诗人雪莱《云雀》及其他名家的许多诗篇中得到验证。

延伸阅读

不仅是外国诗歌中包含着许多数学原理，在我国古代的律诗中也有数学规律可循。从数学的观点来看，我国律诗的平仄变化错综复杂，似乎无规律可循。但如果从数学的角度去分析，就会发现，它们是一种具有简单运算规则的数学模式。任何一种平仄格式都可以化为一个数学矩阵，律诗和绝句的平仄矩阵共有16个，可归纳成一个律诗平仄的数学公式。这样就为学习和掌握律诗和绝句的各种平仄格式提供了一个可行的方法。

用数学解决文学公案

情境导入

历史上曾有两桩著名的文学公案。

公案一：

18 世纪后期有人化名朱利叶斯连续发表抨击朝政的文章，辱骂英国当权者，这些文章后来以“朱利叶斯信函”为名结集出版，但作者是谁，近 200 年来不得定论，成了英国文学史上的悬案。

公案二：

18 世纪 80 年代，美国的亚历山大·汉密尔顿和詹姆斯·麦迪逊围绕合众国立宪问题，写了 85 篇文章，其中 73 篇的作者是明确的，但有 12 篇的作者却不知是他们两人中的哪一位。

这两桩著名的文学公案一直悬而未决，直到 20 世纪 60 年代才大白于天下。那么数学究竟在其中起到了怎样的作用呢？

数学原理

20 世纪 60 年代，瑞士文学史家埃尔加哈德从《朱利叶斯信函》中拣出 500 个“标示词”（如词序、节奏、词长、句长等），分析了 50 组同义词的使用，比较了 300 个“涉嫌者”的生平资料，结果发现菲利普·弗朗西斯爵士以 99% 的比率与《朱利叶斯信函》相一致，这一结果得到了文学史界的公认，从而结束了 200 年的争论。

同样是在20世纪60年代，美国的莫索·泰勒和华莱士用“标示词”统计学和以词频率综合比较的办法，解决了第二桩文学公案：综合汉密尔顿和麦迪逊二人各种用词的写作习惯，最后判定这12篇的作者是詹姆斯·麦迪逊。

延伸阅读

莎士比亚是文艺复兴时期最伟大的人文主义作家，以创作38部剧本的辉煌成就雄踞世界戏剧史之巅。可是，有关莎士比亚，一位来自乡下的普通工人，是否能写出如此惊世之作的争论在19世纪中叶达到白热化。这些怀疑莎士比亚能力的人认为是另一位受过教育的人，如牛津伯爵爱德华·德卫尔写的这些剧本。可是，为何伯爵要把这些剧本署名莎士比亚呢？有些人声称，这是为了嫁祸于人，让大家去批评莎士比亚。

近年来，由美国马塞诸塞州大学马塞诸塞州文艺复兴研究中心的主任亚瑟·肯莱领导的一个研究小组用“电脑指纹”（电脑指纹是由已知著作创建的，再用来比较不知名作品的指纹，看是否能匹配）分析了莎士比亚的文学作品，驱散了人们的这一疑惑。

为鉴别莎士比亚作品的真伪，亚瑟·肯莱领导的研究小组首先建立了庞大的数据库，里面有好几十万字的莎士比亚作品和他同时代的其他剧作家的作品。然后，他们用一种叫电脑文体论的方法来分析其中的文字的用法、出现频率、短语的拼写与放置位置，还有通用和稀用单词。比如，“gentle”一词在莎士比亚作品中出现的频率

莎士比亚的作品

几乎是其他作者所著作品的 2 倍。而且，莎士比亚戏剧中频繁发现在“hail”前加上“farewell”。

计算机通过大量的统计分析确认，莎士比亚确实是这些作品唯一的作者。

《红楼梦》是曹雪芹一个人写的吗

情境导入

众所周知，《红楼梦》是我国的四大名著之一。自其诞生之时，就一直引来各方关注。而它的前八十回与后四十回是否出自曹雪芹和高鹗之手，一直是红学研究一个重要而又没有得到定论的问题。如今，数学方法的应用又为这个问题的解决提供了科学可靠的依据。

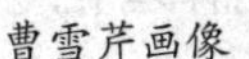

曹雪芹画像

数学原理

1954 年，瑞典汉学家高本汉考察了 38 个字在《红楼梦》前八十回和后四十回出现的情况，认为前后作者为一人。

我国学者赵冈、陈钟毅夫妇用“了”、“的”、“若”、“在”、“儿” 5 个字出现的频率分别做均值的 t 检验，认为前八十回和后四十回明显不同。

1981 年，美国威斯康星大学讲师陈炳藻用计算机对《红楼梦》进行了研究，他把曹雪芹惯用句式、常用词语以及搭配方式等，作为样本存储到电子计算机里，作为检验的依据。然后对《红楼梦》前八十回和后四十回进行比较鉴别，结果发现两者之间的正相关达80%。因此他得出结论，认为一百二十回均系曹雪芹所作。

1983年，华东师范大学的陈大康开始对《红楼梦》全书的字、词、句做全面的统计分析，并发现了一些“专用词”，如“端的”、“越性”、“索性”在各回中出现的情况，得出前八十回为曹雪芹一人所写，后四十回为另一人所写，但后四十回的前半部分含曹雪芹的残稿。

1987年，复旦大学数学系李贤平教授用陈大康先生对每个回目所用的47个虚字（之、其、或、亦呀、吗、咧、罢、的、着、是、在、可、便、就、但、儿等）出现的次数（频率），作为《红楼梦》各个回目的数字标志，输入计算机，然后将其使用频率绘成图形，从中看出不同作者的创作风格。据此，他提出了《红楼梦》成书新说：是轶名作者作《石头记》，曹雪芹“批阅十载，增删五次”，将自己早年所作《风月宝鉴》插入《石头记》，定名为“红楼梦”，成为前八十回书。后四十回是曹雪芹的亲友将曹雪芹的草稿整理而成，其中宝黛故事为一人所写。而程伟元、高鹗为整理全书的功臣。

《红楼梦》插图

尽管以上专家所得出的结论并没有哪一条为大多数红学家所接受，但是运用数学原理采用计算机是研究《红楼梦》的有力工具是不可否认的。电子计算机可将200多年来《红楼梦》研究的全部资料，甚至是断篇残稿、各家评注、草稿手迹，全部贮存起来，利用数学统计方法对这些资料进行比较、分析、归类、分目、汇编、存疑等等。因此，有人把电子计算机称为“新红学家”。而这位“新红学家”在考证《红楼梦》的出处方面也必将发挥越来越重要的作用。

延伸阅读

不仅是中国的古典名著《红楼梦》的作者值得考证，即使是像《静静的顿河》这样的外国名著，其作者也备受争议。

苏联著名作家米哈依尔·肖洛霍夫的名著《静静的顿河》出版后，有人怀疑这本书是从一个名不见经传的哥萨克作家克留柯夫那里抄袭来的。在这种情况下，捷泽等学者决定采用“计算风格学”（利用计算机计算一部作品或作者平均词长和平均句长，对作品或作者使用的字、词、句的频率进行统计研究，从而了解作者的风格，这被称为“计算风格学”）的方法来考证《静静的顿河》真正的作者。

肖洛霍夫站在顿河边

他们从《静静的顿河》4 卷本中随机地挑选了 2000 个句子，再从没有疑问的肖洛霍夫和克留柯夫的小说中各取一篇小说，从中随机地各选出 500 个句子，一共是三组样本共 3000 个句子，输入计算机进行处理。根据二人的句子结构分析，捷泽等人已有充分的事实证明《静静的顿河》确定是肖洛霍夫的作品。后经苏联文学研究者使用计算机经过更严格精确的考证，进一步确定了《静静的顿河》确实是肖洛霍夫写的。

圆周中的回环诗

情境导入

有一种诗体叫回环诗，又称回文诗。关于回环诗有这样一个故事：宋代文学家苏东坡和秦观是好友。一次，苏东坡去秦观家，正巧秦观不在，久等不见归，于是留短信，回家了。秦观回家见之，趁游兴未消，挥笔写下即兴之作，命家人送到苏家，苏东坡看罢，连声称妙。聪明的你，会读吗？

回环诗

数学原理

秦观写的这首回环诗共 14 个字，写在图中的外层圆圈上。读出来共有 4 句，每句 7 个字，写在图中内层的方块里。这首回环诗，要把圆圈上的字按顺时针方向连读，每句由 7 个相邻的字组成。第一句从圆圈下部偏左的“赏”字开始读；然后沿着圆圈顺时针方向跳过两个字，从“去”开始读第二句；再往下跳过三个字，从“酒”开始读第三句；再往下跳过两个字，从“醒”开始读第四句。四句连读，就是一首好诗：

赏花归去马如飞，
去马如飞酒力微。
酒力微醒时已暮，
醒时已暮赏花归。

这四句读下来，我们眼前会出现这样一幅画面：姹紫嫣红的花，蹄声笃笃的马，颤颤巍巍的人，暮色苍茫的天。如果继续顺时针方向往下跳过三个字，就回到“赏”字，又可将诗重新欣赏一遍了。

生活中的圆圈，在数学上叫做圆周。一个圆周的长度是有限的，但是沿着圆周却能一圈又一圈地继续走下去，周而复始，永无止境。回环诗把诗句排列在圆周上，前句的后半，兼做后句的前半，用数学的趣味增强文学的趣味，用数学美衬托文学美。

延伸阅读

回文诗是我国古典诗歌中一种较为独特的体裁。一般释义是：“回文诗，回复读之，皆歌而成文也。”回文诗，顾名思义，就是能够回还往复，正读倒读皆成章句的诗篇。它是我国文人墨客的一种文字游戏，并无十分重大的艺术价值，但也不失为中华文化独有的一朵奇花。诗反复咏叹的艺术特色，达到其“言志述事”的目的，产生强烈的回环叠咏的艺术效果。

回文诗有很多种形式，如“通体回文”、“就句回文”、“双句回文”、“本篇回文”、环复回文”等。“通体回文”是指一首诗从末尾一字读至开头一字另成一首新诗。“就句回文”是指一句内完成回复的过程，每句的前半句与后半句互为回文。“双句回文”是指下一句为上一句的回读。“本篇回文”是指一首诗词本身完成一个回复，即后半篇是前半篇的回复。“环复回文”是指先连续至尾，再从尾连续至开头。

现以七言句为例，教大家两种回文诗的撰法。

1. 单句回文

可把七字当成四字创作。

如：“甲乙丙丁丙乙甲”（例：碧峰千点千峰碧）。

分为：“甲乙丙丁”（例：碧峰千点）和“丁丙乙甲”（例：点千峰碧）。

这两句的文字完全相同，所以只要作出了前四字，也就创作出了一句单句回文。前两字“甲乙”只要是能颠倒成文的词就可采用。关键在寻找“丙”字，“丙”字要能成为“甲乙”和“丁”的连接词，使两部分连接成义。“丁”字的选择只要能与“丙”字正反连接成义就可以了。

2. 双句回文

把七字分成前后两小组，前四字为一小组，后四字为一小组。中间一个字是共用字。

如：“甲乙丙丁戊己庚”（例：烟含瘦影梅窗小）。

“庚己戊丁丙乙甲”（例：小窗梅影瘦含烟）。

分为：“甲乙丙丁”（例：烟含瘦影）和“丁戊己庚”（例：影梅窗小）。

前部分四字与单句回文相同，后部分则反读为“庚己戊丁”后，同样归照单句回文的方式创作。

例：

悠悠绿水傍林偎，开篷一棹远溪流，
日落观山四壁回。走上堙花踏径游。
幽林古寺孤明月，来客仙亭闲伴鹤，
冷井寒泉碧映台。冷舟渔浦满飞鸥。
鸥飞满浦渔舟冷，台映碧泉寒进冷，
鹤伴闲亭仙客来。月明孤寺古林幽。
游径踏花堙上走，回壁四山观落日，
流溪远棹一篷开。偎林傍水绿悠悠。

用数学书写的人生格言

情境导入

数学语言不仅用来表达和研究科学，而且可以精妙地、言简意赅地表达人的思想、性格及追求等。古往今来，有许多名人都用数学来表达他们对事物的看法，而且十分绝妙、深刻。下面就让我们一起看看这些用数学书写的格言。

数学格言

干下去还有50%成功的希望，不干便是100%的失败。

——我国科学家王菊珍对待实验失败的态度

一个人就好像一个分数，他的实际才能好比分子，而他对自己的估价好比分母。分母越大，则分数的值就越小。

——俄国大文豪列夫·托尔斯泰在谈到人的评价时如是说

时间是个常数，但对勤奋者来说，是个“变数”。用“分”来计算时间的人比用“小时”来计算时间的人时间多59倍。

——俄国历史学家雷巴柯夫对时间的理解

托尔斯泰

在学习中要敢于做减法，就是减去前人已经解决的部分，看看还有哪些问题没有解决，需要我们去探索解决。

——我国数学家华罗庚在谈到学习与探索时这样说

要利用时间，思考一下一天之中做了些什么，是“正号”还是“负号”，倘若是“+”，则进步；倘若是“-”，就得吸取教训，采取措施。

——著名的国际工人运动活动家季米特洛夫在评价一天的工作时这样说

华罗庚

$A=x+y+z$（A代表成功，x代表艰苦的劳动，y代表正确的方法，z代表少说空话）。

——爱因斯坦在谈成功的秘诀时写下的公式

如果用小圆代表你们学到的知识，用大圆代表我学到的知识，那么大圆的面积是多一点，但两圆之外的空白都是我们的无知面。圆越大其圆周接触的无知面就越多。

——古希腊哲学家芝诺关于学习知识是这样说的

延伸阅读

众所周知，数学是一门基础性学科，它不仅能锻炼人的思维，还能解决许多实际问题，在那些享誉世界的中外名人眼中，数学又具有什么样的独特魅力呢？

数学知识是最纯粹的逻辑思维活动，以及最高级智能活力美学体现。

——普林舍姆

历史使人聪明，诗歌使人机智，数学使人精细。

——培根

培根

数学是最宝贵的研究精神之一。

——华罗庚

没有哪门学科能比数学更为清晰地阐明自然界的和谐性。

——卡罗斯

数学是规律和理论的裁判和主宰者。

——本杰明

音乐能激发或抚慰情怀，绘画使人赏心悦目，诗歌能动人心弦，哲学使人获得智慧，科学可改善物质生活，但数学能给予以上的一切。

——克莱因

数学的本质在于它的自由。

——康托尔

在数学的领域中，提出问题的艺术比解答问题的艺术更为重要。

——康托尔

数学是无穷的科学。

——外尔

问题是数学的心脏。

——哈尔默斯

数学中的一些美丽定理具有这样的特性：它们极易从事实中归纳出来，但证明却隐藏得极深。

——高斯

数学是科学的皇后，而数论是数学的皇后。

——高斯